农产品加工与食品安全战略研究

主　编　孙宝国
副主编　王　静

科学出版社
北　京

内 容 简 介

本书是中国工程院重大咨询项目"国家食物安全可持续发展战略研究"之课题"农产品加工与食品安全战略研究"的成果。通过对农产品加工业发展状况及趋势、我国居民膳食营养结构及膳食消费状况深入分析，本书提出了我国农产品加工业可持续发展的战略途径和措施，引导我国居民膳食消费、应对食品消费安全的策略和政策建议，以及我国未来农产品加工业和膳食营养健康领域的发展方向和重点任务，并对我国农产品产业结构调整、加工方式转变和提升战略提出了指导性建议。对推动我国农产品加工业可持续发展和居民膳食营养水平的全面提升、促进我国居民食品消费安全具有重要意义。

本书可供农产品加工和食品产业领域的科研、管理、战略研究和决策人员等阅读参考。

图书在版编目（CIP）数据

农产品加工与食品安全战略研究/孙宝国主编. —北京：科学出版社，2016.3

ISBN 978-7-03-047390-5

Ⅰ. ①农… Ⅱ. ①孙… Ⅲ. ①农产呂加工–食品安全–研究–中国 Ⅳ. ①F326.5 ②TS201.6

中国版本图书馆 CIP 数据核字（2016）第 033301 号

责任编辑：贾 超 / 责任校对：贾伟娟
责任印制：徐晓晨 / 封面设计：东方人华

科学出版社 出版
北京东黄城根北街 16 号
邮政编码：100717
http://www.sciencep.com

北京凌奇印刷有限责任公司 印刷
科学出版社发行　各地新华书店经销

*

2016 年 3 月第 一 版　开本：720×1000　1/16
2021 年 1 月第三次印刷　印张：10 1/4
字数：200 000

定价：80.00 元

（如有印装质量问题，我社负责调换）

《农产品加工与食品安全战略研究》
编写委员会

主　编：孙宝国　北京工商大学
副主编：王　静　北京工商大学
编　委：王　强　中国农业科学院农产品加工研究所
　　　　刘红芝　中国农业科学院农产品加工研究所
　　　　毕金峰　中国农业科学院农产品加工研究所
　　　　徐　虹　北京工商大学
　　　　张慧娟　北京工商大学
　　　　任发政　中国农业大学
　　　　谭　斌　国家粮食局科学研究院
　　　　翟小童　国家粮食局科学研究院
　　　　吴娜娜　国家粮食局科学研究院
　　　　孙金沅　北京工商大学
　　　　沈　瑾　农业部规划设计研究院
　　　　廖小军　中国农业大学
　　　　刘　丽　中国农业科学院农产品加工研究所
　　　　王　秋　中国农业科学院农产品加工研究所

前　言

农产品加工业是国民经济的基础性产业和保障民生的重要支柱产业，是促进农民就业增收的重要途径和建设社会主义新农村的重要支撑，是满足城乡居民生活需求的重要保证。长期以来，我国农产品加工业发展速度相对缓慢，是农业产业链中的薄弱环节，已成为我国建立现代农业产业的"瓶颈"性问题。我国80%以上的科技经费和研究力量投入在生产中，对产后领域的科研工作比较忽视，造成了农产品加工领域技术创新能力较低，科技储备严重缺乏，农产品加工整体上处于初加工多、水平低、规模小、综合利用差和耗能高的初级阶段。

农业产业结构和农产品加工业的发展水平直接影响居民的膳食营养结构。自改革开放以来，我国的经济飞速发展，居民的生活方式和生活节奏发生了极大的变化，但由于当前我国农业产业结构和农产品加工业的发展水平落后，尤其是具有悠久历史和丰富文化内涵的中国传统食品生产工艺原始、工业化程度低、标准化程度不高，难以适应现代市场环境的要求，导致相当数量的居民不约而同地选择了西式方便食品，直接影响我国居民的膳食营养结构，成为影响居民身体健康的主要因素。我国居民的膳食结构调整已成为关系国计民生和农业可持续发展的重大战略问题。

本书从主要农产品的产业结构、加工方式、加工技术水平、装备水平、自主研发创新能力、综合加工和资源利用，以及农产品加工中政府公共投入情况等方面深入分析了我国农产品加工业发展现状及存在的问题，借鉴发达国家的先进经验，提出了我国主要农产品加工业发展趋势和重点任务。通过对我国居民膳食营养结构及公众的食品消费意识的调研和分析，提出了正确引导我国居民膳食消费、促进公众营养健康和应对食品消费安全的政策建议和具体措施。在此基础上，进一步提出了符合我国农产品加工业发展方向、满足我国居民膳食营养需求的农业产业结构的战略选择路径。

本书是中国工程院重大咨询项目的研究成果之一。全书共4章，第1章由中国农业科学院农产品加工研究所王强、刘红芝、刘丽、徐飞、于宏威、郑立友等编写，第2章由北京工商大学孙宝国、王静、徐虹、张慧娟、孙金沅等编写，第3章和第4章由国家粮食局科学研究院谭斌、翟小童、吴娜娜等编写，全书由孙宝国院士统稿。

2016年3月

目 录

前言

第 1 章 中国与发达国家农产品加工业发展与现状分析 ···················· 1
1.1 中国农产品加工业发展与现状分析 ···················· 1
  1.1.1 中国农产品加工业概况 ···················· 1
  1.1.2 粮油加工业发展现状 ···················· 7
  1.1.3 果蔬加工业发展现状 ···················· 35
  1.1.4 肉制品加工业发展现状 ···················· 51
  1.1.5 乳制品加工业发展现状 ···················· 57
1.2 发达国家主要农产品加工业发展与现状分析 ···················· 63
  1.2.1 发达国家农产品加工业总体特征 ···················· 63
  1.2.2 发达国家粮油加工业发展现状 ···················· 64
  1.2.3 发达国家果蔬加工业发展现状 ···················· 67
  1.2.4 发达国家肉制品加工业发展现状 ···················· 68
  1.2.5 发达国家乳制品加工业发展现状 ···················· 70
  1.2.6 典型国家的农产品加工业特征 ···················· 71
1.3 中国农产品加工业发展存在的问题 ···················· 77
  1.3.1 中国农产品加工业存在的问题 ···················· 77
  1.3.2 我国粮食加工业存在的问题 ···················· 78
  1.3.3 我国果蔬加工业存在的问题 ···················· 80
  1.3.4 我国畜产加工业存在的问题 ···················· 81
  1.3.5 我国乳制品加工业存在的问题 ···················· 82

第 2 章 中国与发达国家居民膳食营养结构研究 ···················· 84
2.1 中国居民膳食营养结构及公众的食品消费意识调研 ···················· 84
  2.1.1 中国居民膳食结构的变迁 ···················· 84
  2.1.2 中国居民各类营养素摄入水平的变化 ···················· 89
  2.1.3 中国居民消费意识的变化 ···················· 90
  2.1.4 中国居民慢性疾病患病率及医疗支出的变化 ···················· 94
2.2 发达国家居民膳食营养结构及公众的食品消费意识调研 ···················· 98
  2.2.1 发达国家居民膳食结构变迁与营养素摄入水平的变化 ···················· 98
  2.2.2 发达国家居民非传染性慢性疾病患病率及医疗支出的变化 ···················· 104

2.3 部分发达国家膳食消费引导计划 ···108
2.3.1 欧盟健康谷物项目计划 ···108
2.3.2 英国"饮食、食品和健康关联计划" ·······························109
2.3.3 英国"学校食品计划" ···109
2.3.4 英国"高水平食品研究战略" ·······································109
2.3.5 美国农业部联合研究教育和推广局计划 ··························110
2.3.6 加拿大埃尔伯特技术革新计划 ·····································110
2.3.7 欧洲食品研究"第七框架计划" ·····································110
2.3.8 日本"六次产业-农产品提值政策" ·································110
2.3.9 日本推进反粮食浪费量化考核的《食品回收利用法》 ············111
2.3.10 日本推动全民爱粮节粮营养健康教育的《食育基本法》 ········111
2.4 中国居民膳食消费引导战略 ···112
2.4.1 加强食品与营养学知识的普及和政策引导 ·························112
2.4.2 大力发展传统主食和菜肴的现代化制造 ····························114
2.4.3 大力发展薯类及特种粮食作物的加工 ································119
2.4.4 大力发展可减少营养素损耗的新工艺、新技术 ····················121

第3章 中国与发达国家农产品加工中政府公共投入和企业发展情况 ·········124
3.1 中国农产品加工中政府公共投入情况 ·····································124
3.1.1 近年中国研究与试验发展经费支出情况 ·····························124
3.1.2 中国食品产业各类国家基金项目的科技投入情况 ·················133
3.1.3 中国食品产业发展及科技投入方面存在的不足 ····················136
3.2 发达国家农产品加工中政府公共投入和企业投入 ·······················138
3.2.1 部分国家科技经费支出情况 ···139
3.2.2 按执行部门划分的部分国家R&D经费支出 ·······················139
3.2.3 按研究类型划分的部分国家R&D经费支出 ·······················140
3.2.4 美国联邦政府及农业部的R&D预算及其食品农业比重 ··········140
3.2.5 部分典型国际食品企业集团科技发展案例 ·························142

第4章 中国农产品加工业可持续发展战略 ···································146
4.1 战略目标 ···146
4.1.1 保障国家食物安全,促进国民营养健康 ····························146
4.1.2 发展传统食品的现代化制造,弘扬中华饮食文化 ·················146
4.1.3 实施食品强国战略,打造世界级食品品牌企业集团 ···············146
4.2 战略路线与重点 ···146
4.2.1 传统食品现代化战略 ··146
4.2.2 价值链高端化延伸战略 ··147

  4.2.3 食品加工智能化专用装备的提升与支撑带动战略 ············ 148
  4.2.4 "从餐桌到田间"的全产业链条一体化发展战略 ············ 148
4.3 战略措施 ·· 148
  4.3.1 转变政府职能,强化创新环境与支撑体系建设 ············ 148
  4.3.2 构建食品产业科技协同创新模式,加强国家对食品产业创新工程的支持
     力度 ·· 148

参考文献 ·· 150

第1章 中国与发达国家农产品加工业发展与现状分析

农产品加工是把农产品按其用途分别制成成品或半成品的生产过程。农产品加工业一头连着农业和农民，一头连着工业和市民，产业关联度高、行业覆盖面广、增值潜力大，是促进农民就业增收和满足消费需求的基础性、关联性、支柱性产业。针对目前主要粮油、果蔬、畜产品加工普遍存在的产业结构不够合理、发展方式较粗放，加工用优质品种缺少，储运保鲜技术落后、科技研发基础薄弱、自主创新能力不足，加工技术和装备水平较低，加工产业链条短、综合利用水平偏低，加工带来的环境污染等主要问题展开了充分调研，同时对发达国家主要农产品加工业发展现状和趋势进行了分析，为我国农产品加工业发展提供可借鉴的经验。

1.1 中国农产品加工业发展与现状分析

随着城镇化加快推进、居民收入不断提高、消费结构快速升级、资源环境约束持续加剧，我国农产品消费正在由初级农产品为主向初级产品和加工制品并重转变，农产品原料利用正在由低水平、粗放利用向高效、集约和综合利用转变，农业农村经济发展正在向提升产业层次、延长产业链条、提高综合效益和增强国际竞争力转变。这为农产品加工业发展创造了广阔空间，提出了更高要求，赋予了新的历史使命。

当前我国农产品加工业正处在需求拉动强劲、原料供给充足、增收带动明显的战略机遇期，同时也面临着产业体系不健全、持续发展动力不足、支持政策不完善等突出矛盾和问题，迫切需要优化发展环境、加强行业指导、加大公共服务、强化政策扶持，推动农产品加工业持续、健康发展。

1.1.1 中国农产品加工业概况

1. 农产品加工产业结构

1）农产品加工业总产值情况

2014 年，我国农产品加工业继续保持快速发展，总产值达 18.48 万亿元，同比增长 8.82%（图 1.1）。全国规模以上农产品加工企业（年销售收入 2000 万元以上）有 7.6 万家，从业人员为 1540.98 万人，是我国国民经济中发展最快、最具活力的支柱产业之一。目前,我国规模以上加工企业年销售收入超过百亿元的企业有 50 家,超过 500 亿元的企业有 5 家,企业在产品研发、市场开拓、产业带动等方面,实力逐步提升。

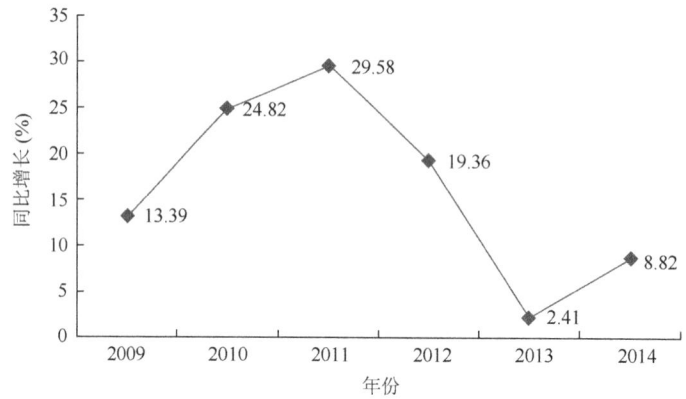

图 1.1 2009~2014 年农产品加工业总产值增长

数据来源:《中国农产品加工业年鉴(2013)》《中国统计年鉴(2014)》

2013 年,全国规模以上农产品加工业企业完成主营业务收入 172050.95 亿元,同比增长 13.4%;利税总额为 23106.17 亿元,同比增长 5.0%;农产品加工业产值与农业产值比进一步升至 1.77:1(表 1.1)。其中,东部地区规模以上农产品加工业企业完成主营业务收入 87313.26 亿元,占全国农产品加工业主营业务收入的 50.75%;中西部及东北地区农产品加工业企业完成主营业务收入 84735.09 亿元,占全国的比例为 49.25%,比 2010 年的比例提高了 11 个百分点。其中,中部地区规模以上农产品加工业企业完成主营业务收入 40291.63 亿元,占全国的 23.42%;西部地区规模以上农产品加工业企业完成主营业务收入 25660.43 亿元,占全国的 14.91%;东北地区规模以上农产品加工业企业完成主营业务收入 18785.63 亿元,占全国的 10.92%(图 1.2)。

表 1.1 2013 年农产品加工业增长情况

年份	企业数量(万家)	主营业务收入(亿元)	同比增长(%)	利税总额(亿元)	同比增长(%)	农产品加工业产值与农业产值比
2010	9.08	105938.97	—	15421.91	—	1.53:1
2011	7.03	132925.56	25.5	18900.30	22.6	1.63:1
2012	7.23	151672.38	14.1	22000.22	16.4	1.70:1
2013	7.45	172050.95	13.4	23106.17	5.0	1.77:1

数据来源:《中国统计年鉴(2014)》

第1章 中国与发达国家农产品加工业发展与现状分析

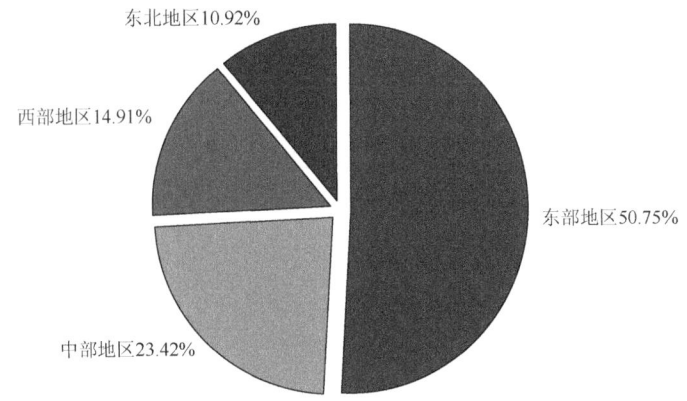

图1.2 2013年地区农产品加工业主营业收入所占比例

2）农产品加工产业结构

近年来，农产品加工业产业结构进一步改善，食品工业是农产品加工业的重要组成部分，2013年我国食品消费市场总体呈现繁荣稳定、产销两旺的局面，食品工业仍然保持产销总体平衡状态，其中，农副食品加工业比重进一步增加，烟草制造业比重进一步减少，而食品制造业、饮料制造业（含酒、精制茶）比重相对稳定（图1.3）。

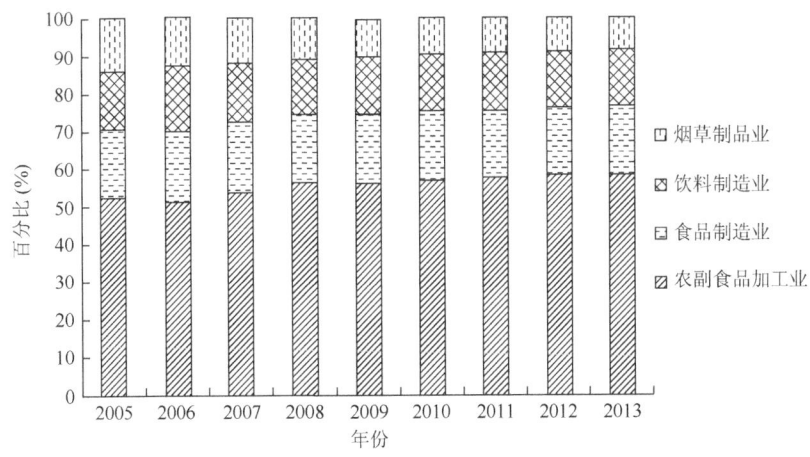

图1.3 2013年食品工业结构变化

数据来源：《中国工业发展报告（2013）》《中国统计年鉴（2014）》

2013年规模以上食品工业企业有36275家，占同期全部工业企业的10.29%。其中，农副食品加工业主营业务收入同比增长14.1%，实现现价工业总产值59497.12亿元；食品制造业、饮料制造业及烟草制品业的主营业务收入分别完成 18164.99 亿元、15185.20 亿元及 8292.67 亿元，分别增长 14.7%、12.1%及 9.5%（表 1.2）。

表 1.2　2013 年度食品工业分行业主要指标

类别	企业数量（家）	主营业务收入（亿元）	同比增长（%）	利润总额（亿元）	同比增长（%）
农副食品加工业	23080	59497.12	14.1	3105.32	−3.0
食品制造业	7531	18164.99	14.7	1550.04	8.9
饮料制造业	5529	15185.20	12.1	1653.56	3.2
烟草制品业	135	8292.67	9.5	1222.07	14.1

数据来源：《中国统计年鉴（2014）》

食品工业布局渐趋合理，逐步向中西部地区转移，中西部地区农业资源优势正逐步转化成食品产业优势。食品企业持续向主要原料产区、重点销区和重要交通物流节点集中，逐步形成了黄淮海平原小麦加工产业带，东北和长江中下游大米加工产业带，东北和黄淮海玉米加工产业带，东北和长江中下游、东部沿海食用植物油加工产业带，冀鲁豫、川湘粤猪肉加工产业带，东北、西北、中原牛羊肉加工产业带，环渤海、西北黄土高原苹果加工产业带的分布格局。

3）产品结构情况

2013 年我国粮食产量实现"十连增"，加工原料基地专业化、规模化、集约化程度进一步提升，与居民生活密切相关的粮油产品产量增长较快。其中，精制食用植物油产量为 6218.60 万吨，增长 20.21%；成品糖产量为 1589.73 万吨，增长 12.79%；罐头为 1045.20 万吨，增长 0.21%；啤酒为 516.15 亿升，增长 5.92%。

近年来，我国农产品加工业各种产品结构进一步优化，对农产品精深加工的意识进一步加强，产品附加值进一步提高，新兴的方便食品、休闲食品、保健食品、绿色食品等市场份额继续扩大，调理食品、速冻食品、熟食制品等新型产品产量逐年增加，基本满足了不同消费层次的市场需求。但同时存在着一些问题：农产品加工业仍然处于初级加工阶段，深加工产品少，产业链较短；在初加工产品中，盲目提高加工精度，片面追求高等级产品，甚至过度加工和包装。

2. 农产品贸易情况

2014 年，我国农产品进出口总额为 1945.0 亿美元，同比增长 4.2%，其中，出口额为 719.6 亿美元，进口额为 1225.4 亿美元（表 1.3），贸易逆差为 505.8 亿美元。

表 1.3　2014 年我国农产品进出口总额　　　　（单位：亿美元）

项目	2010 年	2011 年	2012 年	2013 年	2014 年
进出口额	1219.9	1556.2	1757.7	1866.9	1945.0
出口额	494.2	607.5	632.9	678.3	719.6
进口额	725.7	948.7	1124.8	1188.7	1225.4

数据来源：中华人民共和国农业部网站

1）农产品出口情况

2014 年，我国谷物出口 76.9 万吨，同比减少 23.1%；出口额为 6.0 亿美元，同比减少 13.9%。其中，小麦出口 19.0 万吨，同比减少 31.9%；玉米出口 2.0 万吨，同比减少 74.2%；大米出口 41.9 万吨，同比减少 12.4%。部分农产品及其加工制品出口情况如表 1.4 所示。

表 1.4　2014 年我国部分农产品及其加工制品出口情况

序号	农产品及其加工制品种类	出口量或金额	同比值（%）
1	谷物	76.9 万吨	−23.1
2	玉米	2.0 万吨	−74.2
3	大米	41.9 万吨	−12.4
4	小麦	19.0 万吨	−31.9
5	食用油籽	14.3 亿美元	−9.0
6	蔬菜	125.0 亿美元	7.9
7	水果	61.8 亿美元	−2.3
8	畜产品	68.4 亿美元	5.0
9	水产品	217.0 亿美元	7.1

数据来源：中华人民共和国农业部网站

食用油籽出口 87.2 万吨，同比增长 0.3%；出口额为 14.3 亿美元，同比减少 9.0%。贸易逆差为 430.8 亿美元，同比增长 8.2%。

蔬菜出口额 125.0 亿美元，同比增长 7.9%；贸易顺差为 119.9 亿美元，同比增长 7.3%。

畜产品出口 68.4 亿美元，同比增长 5.0%。水产品出口 217.0 亿美元，同比增长 7.1%。

2）农产品进口情况

2014 年，谷物共进口 1951.6 万吨，同比增长 33.8%，进口额为 62.2 亿美元，同比增长 21.9%。其中，小麦进口 300.4 万吨，同比减少 45.7%；玉米进口 259.9 万吨，同比减少 20.4%；大米进口 257.9 万吨，同比增长 13.6%；大麦进口 541.3 万吨，同比增长131.8%。2014年全国部分农产品及其加工制品进口情况如表1.5所示。

表1.5　2014年全国部分农产品及其加工制品进口情况

序号	农产品种类	进口量或金额	同比值（%）
1	谷物	1951.6万吨	33.8
2	小麦	300.4万吨	−45.7
3	大米	257.9万吨	13.6
4	玉米	259.9万吨	−20.4
5	大麦	541.3万吨	131.8
6	食用油籽	7751.8万吨	14.3
7	大豆	7139.9万吨	12.7
8	油菜籽	508.1万吨	38.7
9	食用植物油	787.3万吨	−14.6
10	棕榈油	532.4万吨	−11.0
11	豆油	113.5万吨	−1.9
12	玉米酒糟蛋白	541.3万吨	35.3
13	食糖	348.6万吨	−23.3
14	棉花	266.9万吨	−40.7
15	水果	51.2亿美元	23.1
16	畜产品	221.7亿美元	13.6
17	牛肉	29.8万吨	1.3
18	羊肉	28.3万吨	9.3
19	猪肉	56.4万吨	−3.3
20	奶粉	105.4万吨	22.0
21	水产品	91.9亿美元	6.3

数据来源：中华人民共和国农业部网站

　　棉花进口266.9万吨，同比减少40.7%；进口额为51.6亿美元，同比减少40.9%。棉纱进口201.0万吨，同比减少4.2%。

　　食糖进口348.6万吨，同比减少23.3%；进口额为14.9亿美元，同比减少27.8%。食用油籽进口7751.8万吨，同比增长14.3%，进口额为445.1亿美元，同比增长7.5%。其中，大豆进口7139.9万吨，同比增长12.7%；油菜籽进口508.1万吨，同比增长38.7%。

　　食用植物油进口787.3万吨，同比减少14.6%，进口额为70.5亿美元，同比减少21.2%；贸易逆差为68.4亿美元，同比减少21.7%。其中，棕榈油进口532.4万吨，同比减少11.0%；豆油进口113.5万吨，同比减少1.9%。进口玉米酒糟蛋白（DDGs）

541.3 万吨，同比增长 35.3%。

水果进口 51.2 亿美元，同比增长 23.1%，贸易顺差为 10.6 亿美元，同比减少 51.0%。畜产品进口 221.7 亿美元，同比增长 13.6%；贸易逆差为 153.3 亿美元，同比增长 18.0%。其中，猪肉进口 56.4 万吨，同比减少 3.3%；牛肉进口 29.8 万吨，同比增长 1.3%；羊肉进口 28.3 万吨，同比增长 9.3%；奶粉进口 105.4 万吨，同比增长 22.0%。

水产品进口 91.9 亿美元，同比增长 6.3%；贸易顺差为 125.1 亿美元，同比增长 7.6%。

3）我国油脂油料的进出口情况

在国家多项惠农政策的支持、鼓励下，我国的油料生产发展较快，但其发展速度仍跟不上人民生活水平不断提高对其的需求。为满足食用油市场供应日益增长的需求，我国政府采取了在提高国内油料产量的同时，增加油脂油料的进口数量的措施，并呈现不断加速上升的趋势（表 1.6）。

表 1.6　2014 年我国主要油脂油料进口情况　　（单位：千吨）

年份	2009	2010	2011	2012	2013	2014
大豆	42552	54797	52640	58384	63375	71399
油菜籽	3286	1600	1262	2930	3662	5081
大豆油	2391	1341	1143	1826	1158	1135
菜籽油	468	985	551	1176	1527	810
棕榈油	6441	5696	5912	6341	5979	5324

数据来源：《中国统计年鉴（2013）》，中华人民共和国农业部网站

1.1.2　粮油加工业发展现状

2013 年度粮油加工业统计企业数量进一步增加，工业总产值、利税总额分别增长 7.4%、11.5%，产品产量继续保持平稳增长。到 2013 年年末，全国粮油加工业企业共有 19880 家，同比增长 2.8%。2013 年粮油加工企业实现工业总产值 24496.3 亿元，同比增长 7.5%；产品销售收入为 24216.1 亿元，同比增长 7.0%；实现利税总额 639.6 亿元，同比增长 9.2%。

1. 粮油加工原料与区域布局

1）粮食加工原料与区域布局

A. 粮食原料生产情况

2013 年，粮食总产量达 60193.8 万吨，同比增长 2.1%，实现 1959 年以来第一次粮食连续十年增产。稻谷增产：2013 年稻谷播种面积为 3031.2 万公顷，同

增长不足 0.01%；稻谷产量为 20361.2 万吨，占粮食总产量的 30.0%。小麦增产：2013 年小麦播种面积为 2411.7 万公顷，同比减少不足 0.01%；总产量为 12193 万吨，占粮食总产量的 20.0%。玉米增产：2012 年玉米播种面积为 3631.8 万公顷，同比增长 3.7%；总产量为 21848.9 万吨，占粮食总产量的 40.0%。

（1）小麦生产情况。2013 年我国小麦总产量为 12193 万吨（图 1.4），同比增长不足 0.01%。其中，河南产量为 3226.4 万吨，占总产量的 26.5%；山东产量为 2218.8 万吨，占总产量的 18.2%；河北产量为 1387.2 万吨，占总量的 11.4%。小麦产量前 10 位省份分别为河南、山东、河北、安徽、江苏、新疆、四川、湖北、陕西和甘肃，总产量占全国总产量 92.9%（图 1.5）。

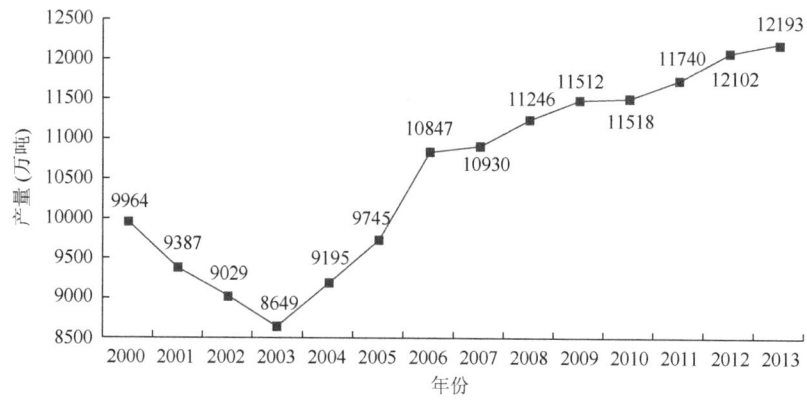

图 1.4　我国小麦年产量

数据来源：《中国统计年鉴（2014）》

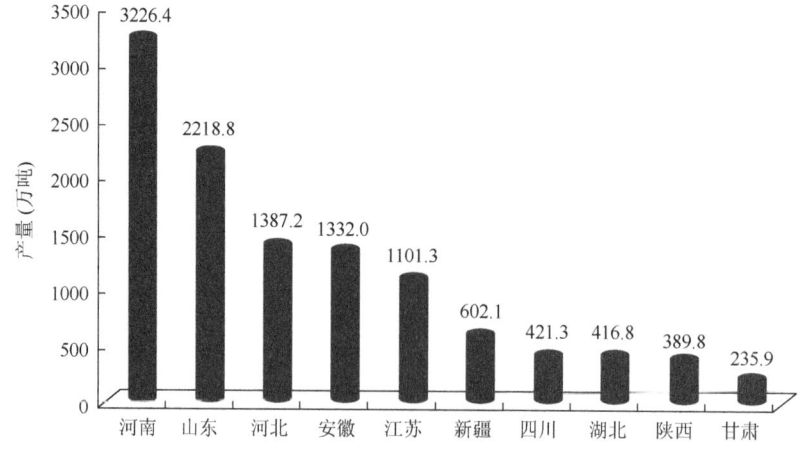

图 1.5　2013 年小麦产量 10 强省

数据来源：《中国统计年鉴（2014）》

(2) 稻谷生产情况。2013 年我国稻谷总产量达到 20361.2 万吨（图 1.6），同比减少不足 0.01%。其中，湖南产量为 2561.5 万吨，占全国总产量的 12.6%；黑龙江产量为 2220.6 万吨，占总产量的 10.9%；江西产量为 2004.0 万吨，占总产量的 9.8%。稻谷产量前 10 的省份分别为湖南、黑龙江、江西、江苏、湖北、四川、安徽、广西、广东和云南，产量合计 16165.9 万吨（图 1.7）。

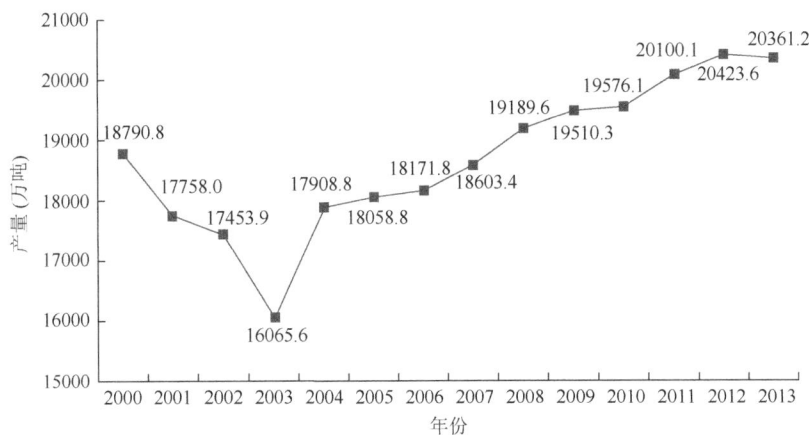

图 1.6　我国稻谷年产量

数据来源：《中国统计年鉴（2014）》

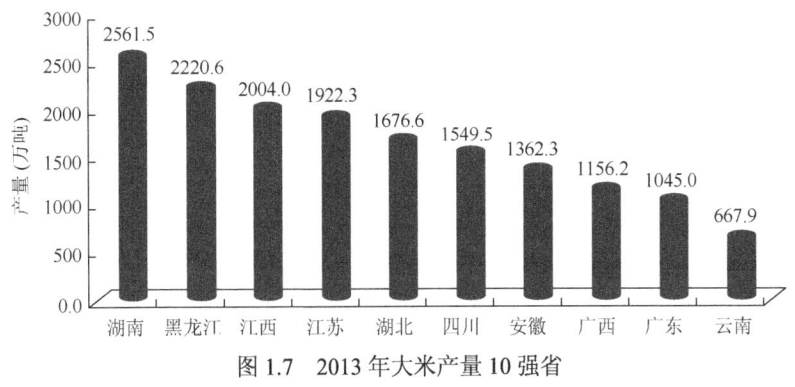

图 1.7　2013 年大米产量 10 强省

数据来源：《中国统计年鉴（2014）》

B. 粮食加工区域布局

（1）小麦加工区域布局。小麦粉产量为 9873 万吨，同比增长 2.6%。年处理小麦能力为 21726 吨，同比增长 7.0%；制粉用小麦消耗量 13000 万吨。小麦加工业产能利用率为 61.1%，同比下降了 2.9 个百分点。

目前，除广东、甘肃外，我国小麦粉生产主要集中在小麦主产区，尤以黄淮海小麦产区最为明显，这是加工企业立足于当地粮源、降低采购成本、提高企业竞争力的理性选择。从小麦加工企业的生产能力上看，2013年，河南、山东、江苏、安徽、河北5省的小麦加工产能均在1700万吨以上，5省产能总量达14974万吨，占全国总量的74.3%。其中，河南小麦加工产能为5936万吨，占27.3%；山东4159万吨，占19.1%；江苏2161万吨，占10.0%；安徽2139万吨，占9.8%；河北1775万吨，占8.2%。图1.8为2013年我国小麦加工企业产能布局情况。

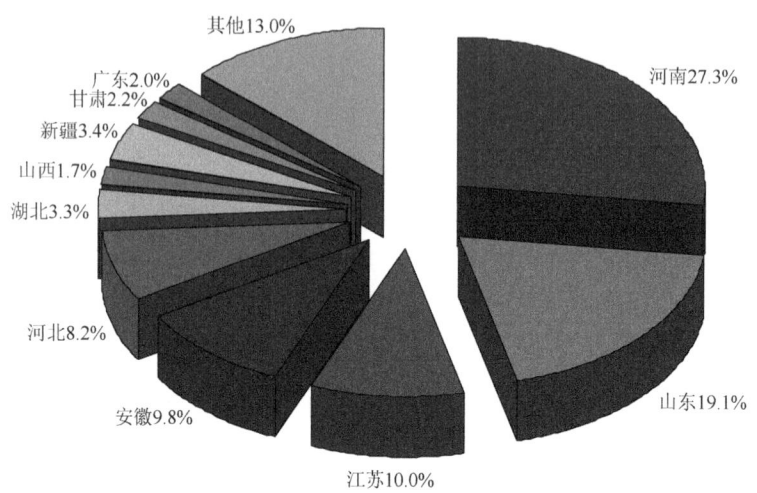

图1.8　2013年我国小麦加工企业产能布局情况

数据来源：《中国粮食年鉴（2014）》

从小麦粉产量上看，2013年年产量超过1000万吨的省份有河南、山东、江苏和安徽，分别为2769万吨、1823万吨、1123万吨和1001万吨，占全国小麦粉总产量的28.0%、18.5%、11.4%和10.1%；年产量在500万～1000万吨的省份为河北，949万吨，占总量的9.6%。图1.9为2013年我国小麦粉产量区域布局情况。

2013年我国小麦加工企业共有3248个，小麦主产区小麦加工企业高达2347个。其中，河南712个，河北267个，山东585个，江苏221个，安徽113个。按生产能力规模，2013年，共有123个企业在1000吨/天（含1000吨/天）以上；400～1000吨/天（含400吨/天）的加工企业有567个；200～400吨/天（含200吨/天）的加工企业共有898个；100～200吨/天（含100吨/天）的加工企业有724个；50～100吨/天（含50吨/天）的加工企业有492个；50吨/天以下的企业有444个。

（2）稻谷加工区域布局。大米产量同比增长3.7%，稻谷加工业年处理稻谷能力共计33000吨，比上年增加2507万吨，增幅为8.2%，大米产量为9215万吨，比上年增加333万吨，同比增长3.7%；实际处理稻谷14500万吨。稻谷加工业平均产能利用率为43.6%，比上年下降了0.9个百分点。

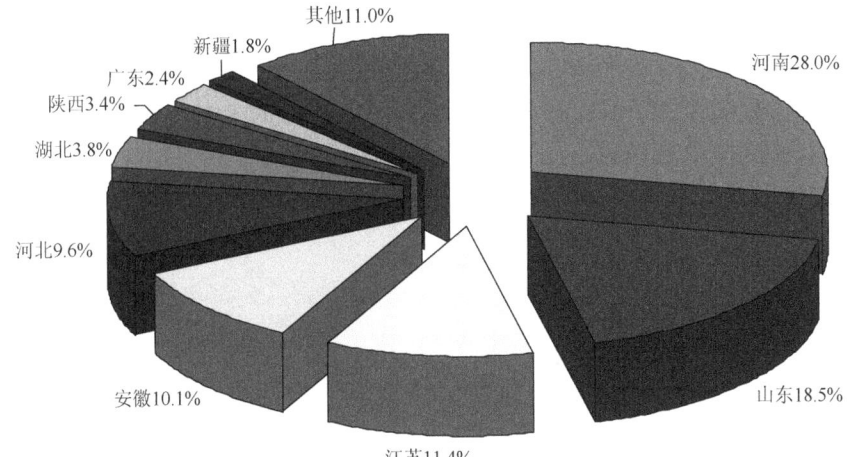

图 1.9 2013 年我国小麦粉产量区域布局情况

数据来源:《中国粮食年鉴(2014)》

2013 年,稻谷加工业的产能和产量主要集中在长江中下游和东北的部分省,黑龙江、湖北、江西、安徽、湖南、江苏、吉林、辽宁、四川、河南的产能列前 10 位,产能合计 28048 万吨,占规模以上企业总产能的 84%,同比减少 0.6 个百分点(图 1.10)。

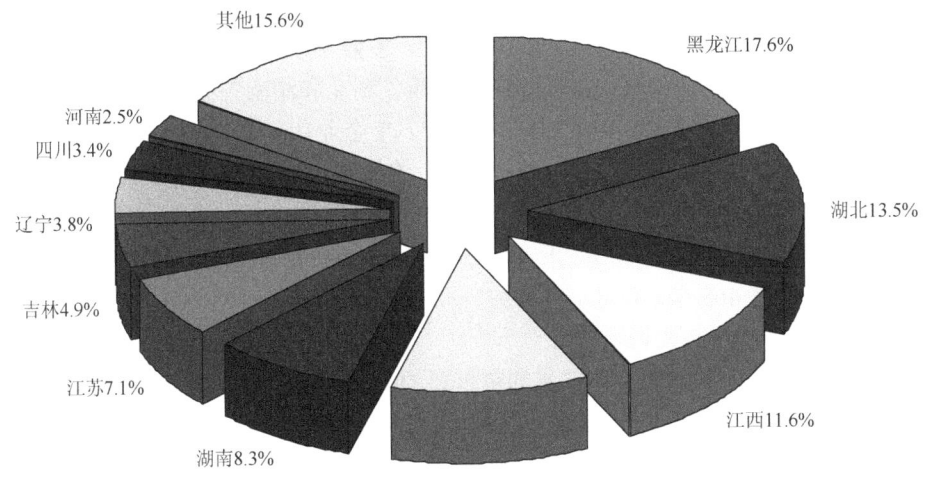

图 1.10 2013 年我国稻谷加工产能区域分布

数据来源:《中国粮食年鉴(2014)》

从大米产量来看,2013 年稻谷主产区大米年产量为 8132 万吨,占大米总产量的 86.0%。而年产量超过 1000 万吨的省份有湖北、安徽、黑龙江和江西,产量分别为1881万吨、1281万吨、1198万吨和1029万吨,占全国大米总产量分别为19.9%、13.5%、12.7%和10.9%。年产量在500万~1000万吨的省份有江苏、湖南,产量分别为822万吨、791万吨,分别占总产量的8.7%、8.4%。图1.11为2013年我国大米产量区域布局分布情况。

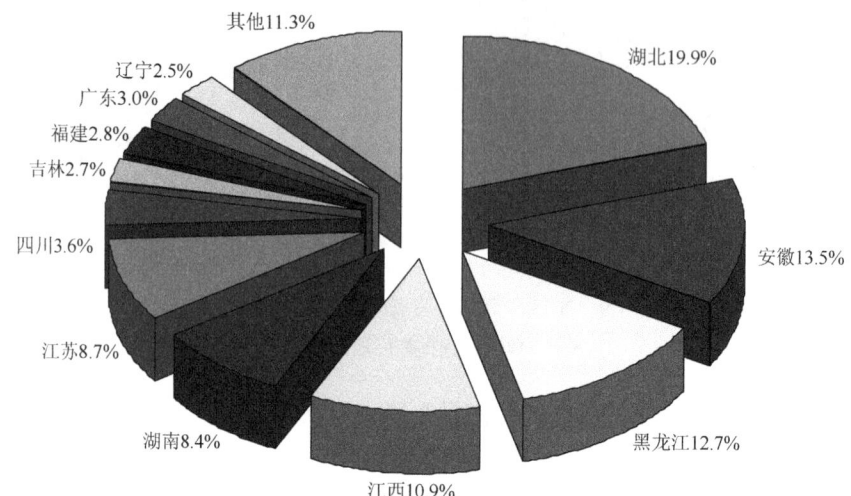

图1.11　2013年我国大米产量区域布局情况

数据来源:《中国粮食年鉴(2014)》

2013年稻谷加工企业数量达到10072个,主要集中于稻谷主产区,其稻谷加工企业数量为7956个,其中,黑龙江、江西、湖北和湖南的企业数量均在1000个以上。按生产能力规模,2013年,共有72个企业在1000吨/天(含1000吨/天)以上;400~1000吨/天(含400吨/天)的加工企业有361个;200~400吨/天(含200吨/天)的加工企业共有1385个;100~200吨/天(含100吨/天)的加工企业有3184个;50~100吨/天(含50吨/天)的加工企业有1378个;50吨/天以下的企业有465个。

2)油料加工原料及区域布局

油脂是提供人类能量和营养素的最重要的食物之一。在人们日常生活中,食用植物油是重要的消费必需品,与人们生活息息相关。为此,食用油的保证供给,在国家食物安全中占有重要地位。

A. 我国油料生产情况

据统计,2013年全国油料总产量达到3517.0万吨,同比增长2.3%。2013年油料播种面积相比上年,实现恢复性增加。全国油料面积有1402万公顷,同比增长不足0.01%。分作物看,主要油料作物增加,特色油料作物减少,例如,花生面积为463.3万公顷,减少0.6万公顷,向日葵、胡麻等特色油料作物面积减少。

花生产量达到1697.2万吨，实现连续6年增产，连续3年创新纪录，比上年增产28.0万吨，占油料增量的34.6%。油菜籽产量1445.8万吨，创历史纪录，增产45.1万吨，占增量的55.7%。全国12个油料总产量超过100万吨的省份，增产最多的是河南，增产19.6万吨。

食用植物油自给率总体稳定。2013年油料增产80万吨，大豆减产125万吨，菜籽油、玉米油、米糠油等稳中略增。按照2013年植物油食用消费量2755万吨计算，食用植物油自给率稳定在38.5%（王瑞元，2014）。

为满足我国经济发展和人民生活水平不断提高的需要，国家在发展粮食生产的同时，高度重视发展油脂油料生产，促使我国油脂油料产量不断提高。根据国家粮油信息中心的统计，我国油料总产量从2009年的3154.3万吨增长到2013年的3517.0万吨。2013年我国部分油料产量分别为：大豆1195.1万吨、油菜籽1445.8万吨、花生果1697.2万吨、葵花籽242.4万吨、芝麻62.3万吨、胡麻籽39.8万吨（表1.7）。

表1.7　2013年我国主要油料生产情况　　　　　　　　（单位：万吨）

年份	2009	2010	2011	2012	2013
大豆	1498.1	1508.3	1448.5	1305.0	1195.1
油菜籽	1365.7	1308.2	1342.6	1400.7	1445.8
花生果	1470.8	1564.4	1604.6	1669.2	1697.2
葵花籽	195.6	229.8	231.3	232.3	242.4
芝麻	62.2	58.7	60.5	63.9	62.3
胡麻籽	31.8	35.3	35.9	39.1	39.8

数据来源：《中国粮食年鉴（2014）》《中国统计年鉴（2014）》

随着国产油脂油料和进口油脂油料数量的快速增加，我国居民食用植物油的可供应量和人均年占有量得到了快速增长。我国居民人均年消费占有量由2008年的20.7千克上升到2013年的22.5千克（王瑞元，2014）（表1.8）。

表1.8　2013年我国人均年食用油消费情况

年份	食用油消费可供量（万吨）	人均年消费占有量（千克）
2008	2684.7	20.7
2010	2838.7	21.0
2011	2777.4	20.6
2012	2894.6	21.4
2013	3040.8	22.5

B. 油料加工区域布局状况

2013 年食用植物油加工企业有 1748 家，同比增长 0.8%。2013 年食用植物油加工业油料处理能力为 17257 万吨，同比增长 7.3%；精炼能力为 5144 万吨，同比增长 0.7%。全国食用植物油产量为 2879 万吨，同比增长 7.2%；实际年处理油料 9009 万吨。食用植物油加工企业油料处理产能利用率为 52.4%，比上年下降了 0.4 个百分点。

2013 年我国油料处理能力为 17257 万吨，同比增长 7.3%，主要集中在油料主产区。从油料处理能力来看，2013 年，主产区油料处理能力为 12097 万吨，占总处理能力的 70.1%。江苏、山东、湖北和黑龙江油料处理能力在 1000 万吨以上，处理能力分别为 2248 万吨、2104 万吨、1644 万吨和 1475 万吨，分别占全国油料总处理能力的 13.0%、12.2%、9.5% 和 8.5%。油料处理能力前 10 位的省份总处理能力为 12605 万吨，占总处理能力的 73.0%。图 1.12 为 2013 年我国油料处理能力布局情况。

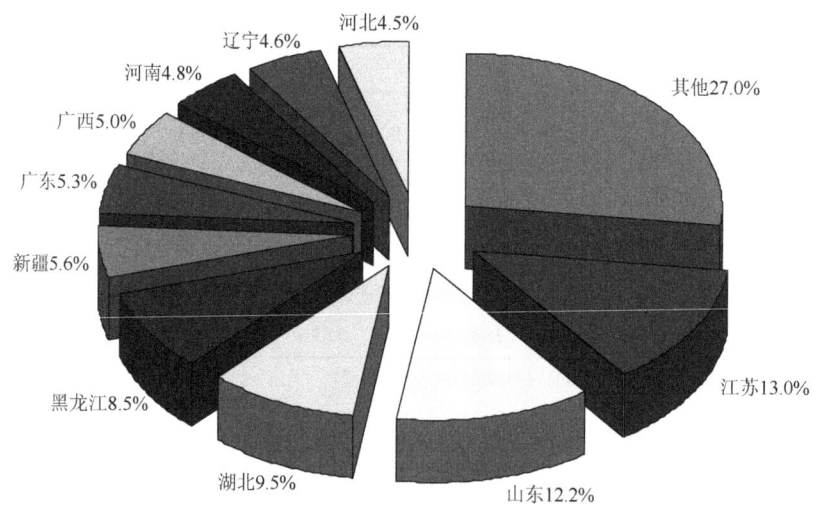

图 1.12　2013 年我国油料处理能力布局分布情况

数据来源：《中国粮食年鉴（2014）》

2013 年我国油脂精炼能力为 5144 万吨，同比增长 0.8%，油料主产区油脂精炼能力高达 3241 万吨，占总精炼能力的 63.0%。精炼能力在 500 万吨（含有 500 万吨）以上的省份有江苏和湖北，油脂精炼能力分别为 853 万吨和 532 万吨，分别占精炼总能力的 16.6% 和 10.3%。油脂精炼能力前 10 位的省份总精炼能力为 3688 万吨，占总精炼能力的 71.7%。图 1.13 为 2013 年我国油脂精炼能力区域分布情况。

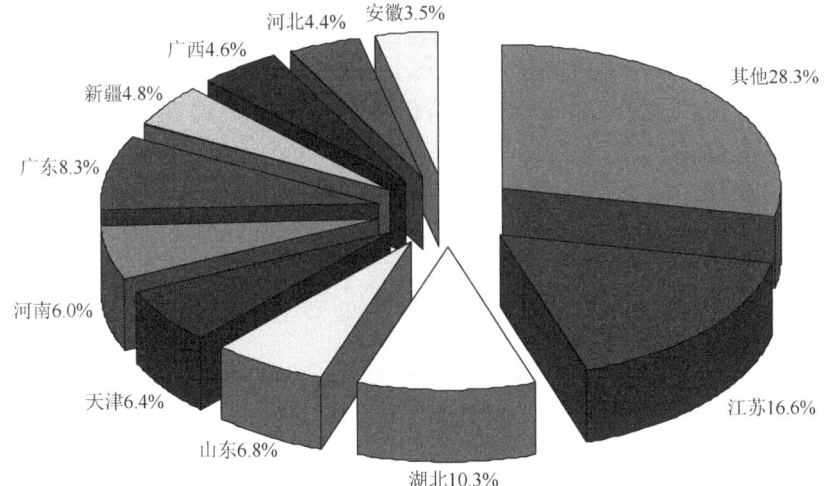

图 1.13 2013 年我国油脂精炼能力区域分布情况
数据来源：《中国粮食年鉴（2014）》

从食用植物油产量来看，2013 年全年我国生产食用植物油 4583 万吨，同比增长 15.3%。在全国范围内，只有江苏食用植物油产量超过 500 万吨，高达 677 万吨，占食用植物油总产量的 14.8%。食用植物油产量在 200 万～500 万吨的省份有广东、湖北、山东、天津、广西和河北，其产量分别为 471 万吨、460 万吨、453 万吨、386 万吨、212 万吨和 203 万吨，分别占食用植物油总产量的 10.3%、10.0%、9.9%、8.4%、4.6%和 4.4%。食用植物油产量前 10 位的省份总产量为 3402 万吨，占总产量的比例为 74.2%（图 1.14）。

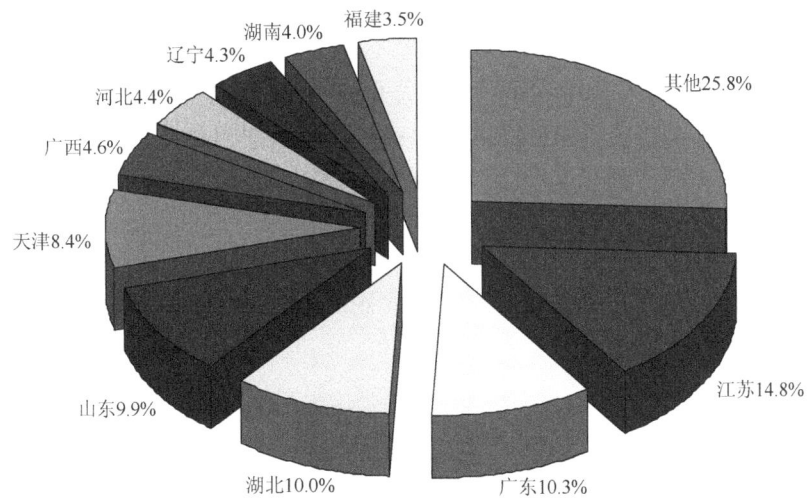

图 1.14 2013 年我国食用植物油产量区域分布情况
数据来源：《中国粮食年鉴（2014）》

2013年食用植物油加工企业数量达到1748个，主要集中于油料主产区，主产区内食用植物油加工企业高达1162个，占企业总个数的66.5%。其中，黑龙江148个，江苏124个，山东124个，湖北86个。按生产能力规模，2013年共有189个企业在1000吨/天（含1000吨/天）以上；400~1000吨/天（含400吨/天）的加工企业有201个；200~400吨/天（含200吨/天）的加工企业共有369个；100~200吨/天（含100吨/天）的加工企业有328个；50~100吨/天（含50吨/天）的加工企业有183个；50吨/天以下的企业有478个。

2. 粮油产地初加工现状

1）粮食产地初加工现状

A. 概述

粮油产地初加工主要是指粮食、油料等农产品的干燥、清选、分级、包装、储藏、搬运等。我国粮食虽然连续多年获得丰收，但粮食供求紧平衡状态没有得到根本改观。为了满足国内日益增长的需求，根据海关总署统计，2013年我国粮食进口量总计8645.2万吨。目前，我国已经成为世界上最大的粮食进口国，且进口数量逐年增加。

粮食产后损失一直是一个世界性难题，根据联合国粮食及农业组织（Food and Agriculture Organization of the United Nations，FAO）的调查，全世界每年粮食霉变损失3%，虫害损失5%，合计8%（何静，2014）。值得关注的是，我国粮食产后损失和浪费问题相当严重，据有关方面估算，2013年我国粮食产后储藏、运输、加工等环节按照损失率8%~10%计算（何静，2014），仅三大粮食损失浪费总量达4896万吨。我国每年餐桌浪费食品价值达2000亿元，粮食损失浪费量大约相当于1.3万公顷耕地的产量。

粮食产地初加工损失中储粮环节损失尤其严重，据保守估计，我国粮食高达60%以上储藏在农村农户家庭中，由于农村储粮条件相对较差，加上缺乏科学储粮知识和技术，农村储粮环节损失率高达8%，我国农村一年的粮食损失高达200多亿千克，相当于陕西、甘肃、青海、宁夏四个西部省份全年粮食产量的总和。辽宁以科技下乡服务小分队深入多家农户，对其储粮现状、损失与收入情况、新型储粮仓需求和原始方式造成的安全隐患进行了深入调查研究（表1.9）（高树成等，2008）。

表1.9 辽宁分地区储粮损失情况

地区	储粮损失率	损失原因
辽北、辽中	10%~15%	农户储粮环境差
辽南、辽西、辽东	8%~10%	储期长、湿度大

B. 玉米产地初加工现状

（1）玉米产地初加工与储藏现状。目前，农户对玉米进行的产地初加工存在方法原始、设施简陋、技术水平低的问题。产后干燥环节农户仍采用自然晾晒的方式，自然晾晒很难保证玉米品质，不仅容易造成霉变，而且容易受到车辆排放尾气的污染。此外，马路晾晒还带来了严重交通隐患（图1.15）。

场院晾晒

屋顶堆放晾晒

屋顶摊开晾晒

屋前台阶晾晒

图1.15　目前农户采用的自然晾晒方式

目前，农户储藏玉米的方式也十分原始落后，以吉林为例，玉米储藏以穗储为主，一般储存半年左右。储存设施主要包括简易钢网仓（由钢网围成，有顶盖）、玉米楼子（四周由钢网围成的长方体，镀锌钢管作为框架）、玉米栈子，还有的直接散堆露天地，俗称"地趴"储粮。"地趴"粮占农户储粮总数的50%；上栈子储粮占25%；上楼子储粮占15%；其他方式储粮占10%。在河北，玉米收获后一般采用编织袋或粮囤进行穗储，也有企业采用水泥仓对玉米进行暂时储藏（杨琴等，2012）。农户采用的各种玉米储藏方式如图1.16所示。

图 1.16　目前农户采用的储藏方式

由于产地加工方法原始落后，玉米在存放过程中受各种因素影响，农户储存损失比较严重。玉米产地的损失率为 12%，其中，霉变损失约 5%，鼠害约 4%，自然损耗约 3%（杨琴等，2012），按每吨粮食 2400 元计算，农户储存 1 吨玉米的损失约 288 元，其中，霉变损失约 120 元，鼠害约 96 元，自然损耗约 72 元。农户储藏环节损失占玉米产后损失的 80% 以上，即农户储藏的玉米产后损失占总产量的 10% 左右。造成大量浪费的同时，也降低了粮食的商品价值和营养价值，不仅减少了农户的收入，对国民健康也构成了潜在威胁。造成农户玉米储存损失的霉变鼠害情况如图 1.17 所示。

图 1.17　玉米霉变鼠害情况

（2）玉米产地加工装备与技术现状。干燥是玉米产地加工的重要组成部分，对解决产后减损、实现安全保存具有重要意义。目前，我国常见的主要为日处理 500 吨、200 吨等大中型玉米干燥设备（图 1.18）。对于大多数农户来说，使用大型玉米干燥设备完全是不可能的，除了难以承受大型干燥机昂贵的价格之外，还有增长的燃料、电力及人力资源价格，这使得玉米的干燥成本很高，以东北地区为例，由于气候寒冷，干燥设备作业环境温度大都处在−15～25℃，且玉米水分高达 32%以上，使得烘干 1 吨玉米的费用达到 70～80 元，这些都限制了大型干燥设备在农村的应用。近年来，粮食干燥机逐步进入农机购机补贴范围，但补贴比例较低，干燥机价格仍然远高于农民预期。虽然近年来我国部分科研单位也针对农户开发了一些粮食干燥设备，如移动式机型、小产量机型、以农作物秸秆为燃料的机型等（图 1.19），但由于种种原因，没有得到推广使用（杨琴等，2012）。

图 1.18　大型粮食干燥机

图 1.19　小型粮食干燥机

随着我国农村产业结构调整和土地流转制度的深入，种粮大户和专业合作社不断涌现，已经成为我国粮食生产主流发展方向，规模化、集约化和机械化程度不断提高，对相应规模粮食产地加工处理及储藏设施设备的需求也日益增加。虽然,我国有从事粮食干燥仓储研究的科研机构和人员,但对农户粮食产后产地处理相配套的干燥、仓储设施、工艺装备及技术的研究与开发很少,在该领域的研究基本处于空白。介于小型农户和国有储备库之间的种粮大户和农民专业合作社的粮食干燥储藏问题十分突出,农户产地加工过程中各种常规技术或规范的应用研究也处于空白状态(杨琴等,2012)。

2)油料产地初加工现状

A. 概述

我国油料作物主要有花生、油菜籽、芝麻,均富含油脂和蛋白质,在高水分和新陈代谢较强的情况下,很容易变性。在收获、运输、储藏和加工过程中,受后熟作用的影响,放出较多的水汽和热,使其容易发热、霉变、浸油和酸败,特别是到了高温、高湿的夏季,霉菌污染严重、虫害繁殖旺盛,损耗极大。

B. 花生产地初加工现状

花生是世界上最重要的油料作物之一,居油料作物第 3 位,在世界油脂生产中具有举足轻重的地位。花生是我国主要食品原料及优质食用油原料作物之一。据联合国粮食及农业组织(FAO)及《中国统计年鉴》资料显示,自 2000 年以来我国花生种植面积基本稳定在 450 万公顷以上,国内花生种植面积超过 10 万公顷的省份现有 13 个;2000~2013 年年均总产量为 1471.7 万吨,居世界第 1 位;2000~2012 年年平均亩[①]产为 3223 千克/公顷。然而,受我国花生生产与收获的机械化普及程度、成品流通机制、加工与精深加工科技发展程度等方面的限制,花生产地初加工与储藏各个环节的机械化普及、规模化作业方式与工序衔接模式仍处于初级探索阶段。我国花生生产与初加工标准化程度较低,初加工体系建设不完善,原料与产品质量不稳定,导致花生及产品商品率不高,安全问题时有发生,在国际市场中的竞争力急剧下降。

(1)花生产后摘果装备发展现状。花生收获后多采用人工摘果(图 1.20),部分地区采用机械摘果。花生摘果机有半喂入式和全喂入式两种,全喂入式花生摘果机主要用于北方从晾干后的花生蔓上摘果,都采用全喂入篦梳式摘果原理,存在功率消耗大、摘果不净、分离不清、破碎率高的缺点。半喂入式花生摘果机主要通过相向滚动的摘果滚筒将花生摘下,对干、湿花生蔓都可使用,主要应用于南方地区,其摘果效率及损失率与现在的花生收获机械收获环节的整齐程度及摘果机喂入环节的夹持有很大的关系,现有的机型在摘果效率、损失率上还不稳定。一般应用于花生联合收获机。目前,半喂入式花生摘果机(图 1.21)处于示范试验阶段,还未推广应用(王晓燕等,2008)。

---

① 1 亩≈666.67m^2

图 1.20　花生人工摔果　　　　　图 1.21　半喂入式花生摘果机

（2）花产后加工装备与技术发展现状。花生干燥基本都是摘果后在场地晾晒（图 1.22），阳光充足情况下，一般湿花生果在经过 7 天左右晾晒后，其水分含量约为 10%。

图 1.22　花生晾晒

目前，我国花生集中烘干机械与技术发展缓慢。采用温度 37~42℃需要 36~40 小时才能将水分降到 10%，温度提高到 60℃则需要 17 小时，然而，此温度烘干的花生在之后的发芽试验中发芽率较低，不能作为花生种子（图 1.23 和图 1.24）。

图 1.23　花生果产地干燥设备（电力）　　　图 1.24　花生产地干燥设备（秸秆）

目前，我国花生干燥仍以人工翻晒为主，尽管采用人工翻晒法干燥花生不需要额外的能源输出，但因其干燥周期长，干燥状态不稳定，晒场资源需求巨大，易受污染（图 1.25），且对天气状况依赖较大等，已逐渐不能满足我国花生产业的发展需求（颜建春等，2012）。

图 1.25　花生发芽和霉变

一般花生加工企业中，均有花生分级筛选机（图 1.26），为从农民手中收购的花生米进行初步筛选分级，可将花生按大小分为 5 个等级。而花生清选（除杂、除坏果、除霉果）基本是人工挑选（图 1.27）。

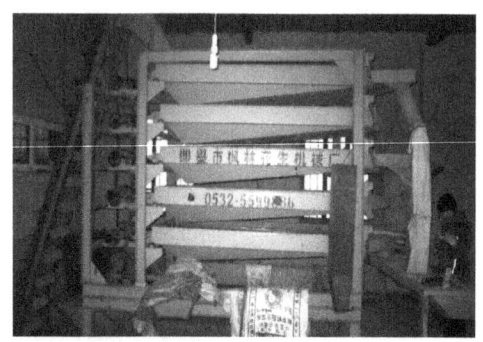 

图 1.26　花生分级设备

 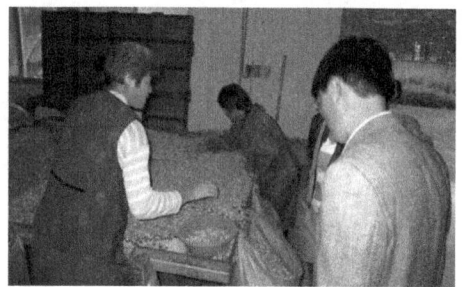

图 1.27　花生人工清选

（3）花生产后储藏设施与技术发展现状。农户储藏花生方式一般将花生果装袋或散堆在室内（图 1.28 和图 1.29），待到销售时再进行剥壳出售。花生初加工企业则将收购的花生米进行初步筛选、分级，短时间存放，出售给花生榨油和出口企业。而农户和企业在花生储藏期间，一般是放置鼠药，缺乏合理有效的防虫防鼠措施，再加上通风与仓储条件的限制，极易造成花生霉变与腐烂。花生榨油企业在花生集中上市时，大量收购花生，进行榨油，以花生油形式进行存放，一般不存放花生原料。因花生出口要求较严，我国仅有少数出口企业收购花生后，对花生进行除杂、分级包装等，然后将花生置于冷库中存放（图 1.30）。

图 1.28　花生加工企业室外装袋储藏

图 1.29　花生种植农户与加工企业室内散堆储藏

图 1.30　花生出口企业储藏冷库

3. 粮油深加工与副产物综合利用现状

1）粮油深加工情况

近年来，我国粮油加工业发展迅速，积极研究、开发了花生低温压榨制油及饼粕高效利用关键技术创新与应用、功能性花生蛋白及其组分制备关键技术创新与应用、高含油油料加工关键新技术产业化开发及标准化安全生产、大型智能化油脂制取成套装备、节能高效加工技术和成套设备研究与开发等一批关键技术，解决了我国粮油深加工中存在的如传统制油工艺导致的油品差、营养素损失重，花生蛋白粉残油高，蛋白质变性严重、应用受限，加工能耗高、环境差等制约我国粮油深加工业发展的问题，有效提高了我国粮油加工业的技术水平和产品质量，为我国粮油加工业的发展起到了重要作用。

我国粮油深加工随着加工程度的加深，也随之产生了过度加工的问题，甚至不当的加工会导致对身体健康有害物质的产生。

A. 小麦加工

小麦加工为面粉的主要作用是除去含大量粗纤维的种皮，使面粉有较好的口感和易于消化，粉色也得到改善。但加工过程也使一部分糊粉层和胚部进入麦麸中，且随着加工精度的提高，进入麸皮的比例越大，营养物质的流失也越严重（图1.31），所以国际上一些国家仍提倡吃全麦粉。随着人们越吃越精，面粉越来越白，甚至在精度已经很高的特一粉里加增白剂过氧化苯甲酰去"漂白"面粉。过氧化苯甲酰会破坏维生素A，降低面粉中维生素A的含量，同时面粉中维生素E和维生素K也极易被氧化而受损，B族维生素中的B_1和B_2也会受到不利影响。同时，面粉的过度加工也会间接导致粮食浪费现象的加剧。面粉加工过程中全麦粉的出品率接近100%，标准粉为82%~85%，特二粉约为72%，特一粉一般在60%左右，副产品为黑粉及麸皮，只能用作饲料原料（王钦文，2008）。

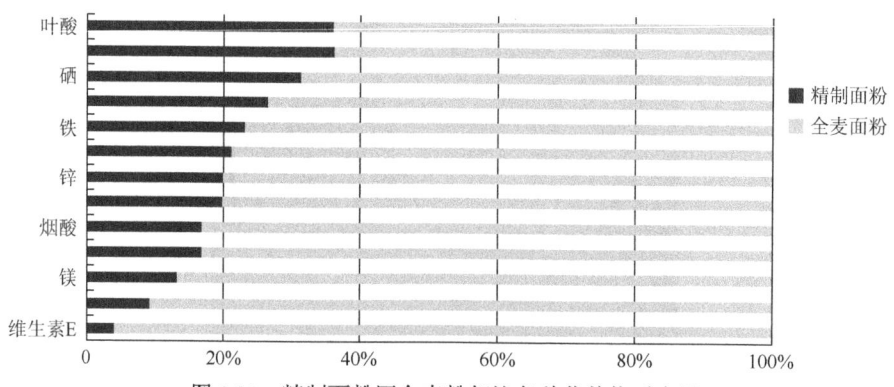

图1.31 精制面粉同全麦粉相比各种营养物质含量

B. 稻米加工

稻米加工过程中营养成分的流失与面粉类似，稻米经多机精碾和抛光，加工成的精米和糙米相比，B族维生素损失了60%（图1.32）。2013年全国年产稻谷20361.2万吨左右，可产标二米14252.8万吨左右，如果全部加工成特别精制米，仅有 12216.7 万吨，减少 2036 万吨，相当于 1.3 亿人一年的口粮、4000 万亩稻田一年的产量。稻米加工精白米的出品率不足 50%，产生的副产品糠粉及碎末只能用于饲料加工。

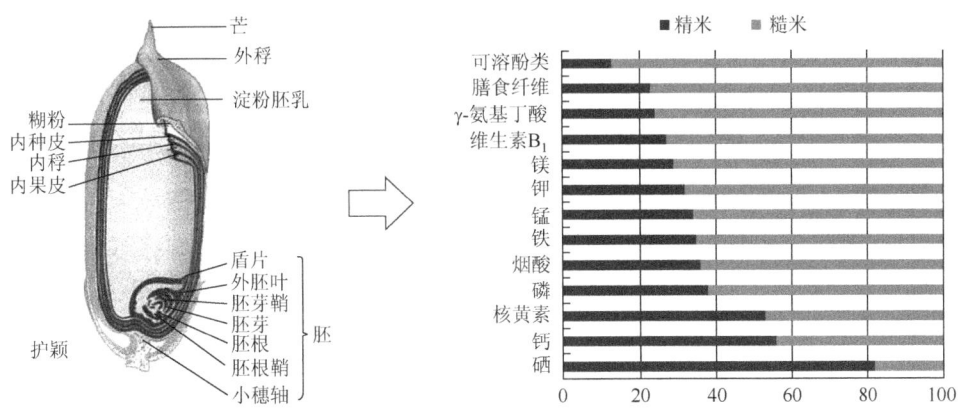

图 1.32　稻谷加工过程中营养物质的损耗

C. 油料加工

在油脂加工过程中，经精炼处理后，胡萝卜素和叶绿素被绝大部分脱除，植物甾醇被除去 35%~40%，维生素 E 被除去 70%，角鲨烯被除去 80%（图 1.33）。在油脂加工中原国家标准一、二级油的精炼损失率约为 2%，色拉油的精炼损失率约为 5%。且油脂的过度加工也会导致部分有害物质的产生，如脱臭过程温度高达 250℃以上，产生的反式脂肪酸可能在 0.4%~2.3%；脱色过程使用脱色剂活性白土、活性炭，脱蜡过程中加入助滤剂硅藻土都有可能带来重金属对食用油质量安全的危害（王钦文，2008）。

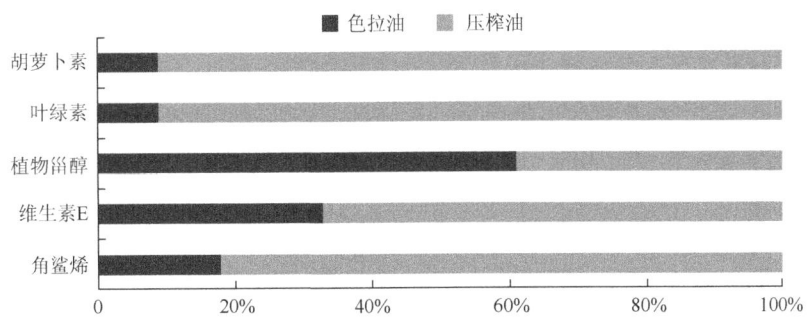

图 1.33　色拉油和压榨油相比营养成分所占比例

2）粮油加工副产物

随着粮食作物产量的不断攀升，粮油副产物产量也逐年上升（图 1.34）。副产物中富含蛋白质、维生素、多糖及矿物质等,并未得到充分利用,有些甚至作为废弃物直接排向环境,不仅污染了环境,还造成了巨大的资源浪费和经济损失。以榨油饼粕为例,2013 年我国榨油后产生的花生饼粕约为 347 万吨(美国农业部,United States Department of Agriculture,USDA),但仅有不足 1%用于食品加工,其余大部分用作饲料,榨油后的花生粕中蛋白含量约为 45%,如将其开发制成蛋白粉、花生肽,其附加值分别可增加 3 倍和 9 倍。现阶段我国粮油副产物利用技术处于起步阶段,副产物综合利用率较低。

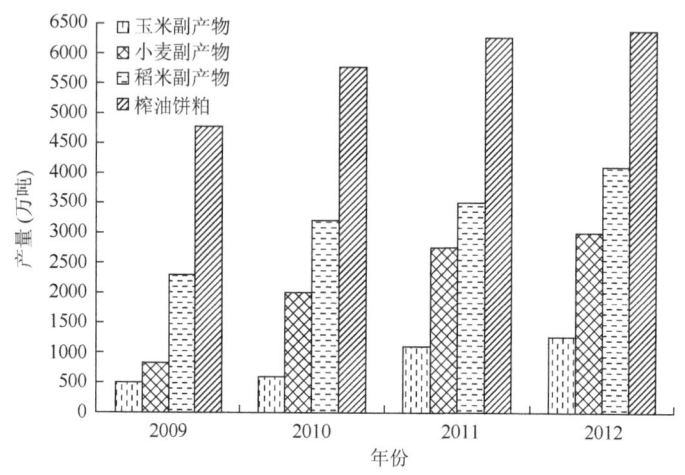

图 1.34 粮油加工主要副产物年产情况

数据来源:《中国粮食年鉴(2013)》

A. 粮食作物加工副产物及其产品

2012 年全国稻谷和小麦加工生产出的主要副产物有米糠 1331 万吨、碎米 622 万吨、稻壳 2519 万吨、小麦麸皮 2989 万吨、小麦胚芽 19 万吨。

(1)稻谷加工副产物及其产品。稻谷是世界上产量最大的谷物,我国稻谷产量逐年上升,副产物产量也逐年增加(图 1.35)。在我国,稻米作为主食口粮资源,2012 年稻米加工所产生的约 1331 万吨的米糠及 2519 万吨的稻壳等有价值的副产物,尚未得到很好的开发利用。

米糠是稻谷脱去稻壳后的糙米经碾制过程被碾下的皮层、米胚和少量碎米的混合物。米糠中含有大量的油酸、亚油酸、亚麻酸等不饱和脂肪酸,膳食纤维,维生素 E、阿魏酸、肌醇,以及植物甾醇及其酯等多种天然抗氧化剂和生物活性成分。但我国对于米糠的利用率仅为 10%~15%,其余大部分都用于禽畜饲料的生产。表 1.10 为现市场上流通的米糠相关产品。国外研究证明,米糠作为健康食品的原料加以深度开发利用,可增值 60 倍左右。美国是目前世界

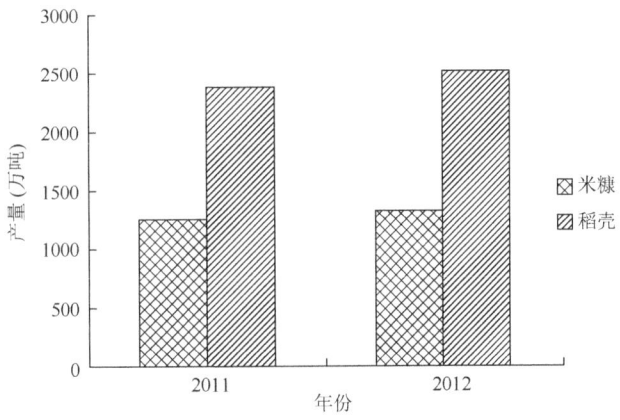

图 1.35 稻米加工副产物年产情况

数据来源：国家粮食局，2013

上研究开发米糠资源最发达的国家之一，美国利普曼公司、美国稻谷创新公司在米糠稳定化技术、米糠营养素、米糠营养纤维、米糠蛋白、米糠多糖方面的提取、分离、纯化等技术在世界上处于领先水平（姚惠源，2001）。以全脂米糠或脱脂米糠为原料生产的各种米糠健康食品，如可溶性米糠营养素、米糠纤维、米糠蛋白、米糠多糖等产品具有明确功能因子和确切保健作用，以它们为原料生产的降血脂、降血糖及具有明显免疫功能的健康食品已经上市，深受消费者的青睐（表 1.10）。

表 1.10 米糠相关产品

名称	价格	生产厂家
米糠油	5500 元/吨	黑龙江省北大荒米业集团有限公司、安徽省思润谷物油精炼有限公司、江西省金粮实业有限公司、济宁市金辉生物油脂有限公司
米糠纤维	120 元/千克	西安森冉生物工程有限公司
植酸	2200 元/吨	郑州永振化工产品有限公司
精品植酸	120000 元/吨	河南可以化工食品添加剂有限公司
结晶植酸钠	140000 元/吨	深圳市用必法化工产品有限公司
谷维素	260 元/千克	河南金盛化工产品有限公司

注：产品及价格查询来源于阿里巴巴、京东商城等网站

稻壳作为稻谷加工过程中主要副产物，其质量约占稻谷重量的20%。2012年我国稻壳产量为2519万吨。目前，稻壳的利用主要有以下几个途径：首先，作为能量来源，用于厂区的冬季集中供暖、作为动力燃烧或者进行稻壳发电和生产稻壳

煤气等；然后，稻壳还可以作为动物饲料中的填充物或者作为培养基和土壤等的肥料；最后，还可以作为工业原料用以生产白炭黑、水玻璃、活性炭等，或者经过稻壳分解后生产不同的化工产品等。如今稻壳发电的企业有湖南岳阳稻壳发电厂、江粮集团金佳谷物稻壳发电厂、佳木斯益海稻壳发电厂、北大荒稻壳发电厂等（刘强等，2013）。

目前，国内外稻米副产物加工产品主要包括稻米变性淀粉，稻壳和米糠的高效、绿色增值深加工如米糠油等，不仅提高了副产物的利用率，缓解了粮食供给压力，还可大幅提高附加值（图1.36）。

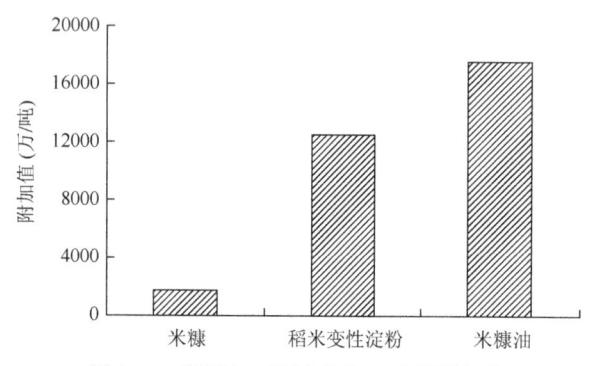

图1.36 稻米加工副产物加工产品附加值

数据来源：《中国粮食年鉴（2012）》

（2）小麦加工副产物及其产品。小麦麸皮是小麦面粉加工中主要的副产物。2012年我国小麦麸皮的产量为1331万吨，其中85%以上用于酿酒、制醋、酱油、饲料等传统加工，很少用于深加工、再利用。近年来随着对小麦麸皮的综合开发利用，市场上出现了许多小麦麸皮附加值较高的产品，如小麦麸皮膳食纤维、蛋白、低聚糖及各种营养强化品。表1.11为小麦麸皮相关产品。

表1.11 小麦麸皮相关产品

名称	品牌及价格	生产厂家
麦麸膳食纤维	120元/千克	西安森冉生物工程有限公司、泾阳县东晟生物科技有限公司
全麦（面包）粉	芯莱（12.8元/500克）、龙升源（28.9元/1.5千克）、新良（35.5元/千克）	上海巧厨食品有限公司、山东博兴龙升食品有限公司、新乡市新良粮油加工有限责任公司
食用麸皮	法比亚FABIANELLI（12.9元/250克）	意大利法比亚
麦麸饼干	日清（4元/90克）、红磨坊（15元/210克）、AJI（12.7元/440克）	日清食品株式会社、河南红磨坊食品有限公司、东莞市新味珍食品有限公司

注：产品及价格查询源于京东商城网站

小麦胚芽约占小麦籽粒的3%，是小麦籽粒的生命源泉，含有丰富的麦胚蛋白、麦胚油脂、麦胚维生素及麦胚矿物质等，但由于小麦胚芽不易保藏，同时企业缺少相应的产品开发技术及设备，绝大多数制粉企业将其混入麸皮作为饲料出售，造成资源的严重浪费。以下为市场上现流通的小麦胚芽相关产品（表 1.12）。

表 1.12　小麦胚芽的相关产品

名称	品牌及价格	生产厂家
小麦胚芽粉	伊钡莱（30元/500克）	广州市伊钡莱保健品科技有限公司
小麦胚芽油营养胶囊	纽崔莱(335元/98克)、汤臣倍健(160元/50克)、健安喜（118元/30.8克）	安利公司、汤臣倍健股份有限公司、健安喜上海贸易有限公司
谷胱甘肽	柏丽源面膜（40元/1片）	江门市柏丽源化妆品有限公司
维生素E软胶囊	益普利生(55元/120粒)、麦金利(46.9元/100粒)	康恩贝集团有限公司、麦金利（中国）
麦胚凝集素	麦胚凝集素/凝集蛋白（WGA）ELISA试剂盒	南京森贝伽生物科技有限公司
麦胚食品	禾力加麦胚片（93.8元/760克）	新疆农科院粮作所科技开发粮务公司
小麦胚芽	精力沛（48元/968克）、胚养道（49.9元/600克）、金伴（32元/200克）	广州市萃取生物科技有限公司、新良集团、良友集团

注：产品及价格查询源于京东商城网站

B. 油料作物加工副产物及其产品

油料作物加工历来是国民经济的一个重要支柱产业，产量逐年提高，油脂加工副产物主要包括饼粕、皮、壳、油脚、皂脚和脱臭馏出物，是一类蕴含丰富营养素、功能活性的物质。饼粕含有丰富的蛋白质和多糖；皮、壳中含有大量纤维素和多糖，油脚、皂脚和脱臭馏出物中含有天然维生素E、植物甾醇、脂肪酸等功能成分。饼粕是最主要的油脂加工副产物，2013我国饼粕总产量为7523万吨，其中，大豆粕产量约5453万吨，菜籽粕产量约1161万吨，棉粕产量约446万吨，花生粕产量347多万吨，葵花籽粕约75万吨（图1.37），但饼粕的蛋白质资源尚未得到高效利用（USDA）。目前，国内加工企业对这些副产物仅处于初级开发，生产技术水平还比较落后，产品种类和质量也有待提高。

油料作物加工副产物中富含蛋白质、碳水化合物及维生素等营养物质，是一类良好的开发功能食品的原料。目前，主要开发生产的产品有功能性蛋白、功能性短肽、低聚糖等，不仅丰富了现有食品的种类，而且大大提高了副产物的综合利用和附加值。

2013年我国大豆粕产量高达5453.1万吨，占饼粕总产量的72.5%，由于存在上年库存量及进口量，2013年度总供给量为5455.1万吨，其中，工业消费大豆粕162万吨，而饲料用大豆粕5157.4万吨，出口201.7万吨（USDA）。作为一种高蛋白质资源，豆粕是制作牲畜与家禽饲料的主要原料，还可用于制作糕点食品、

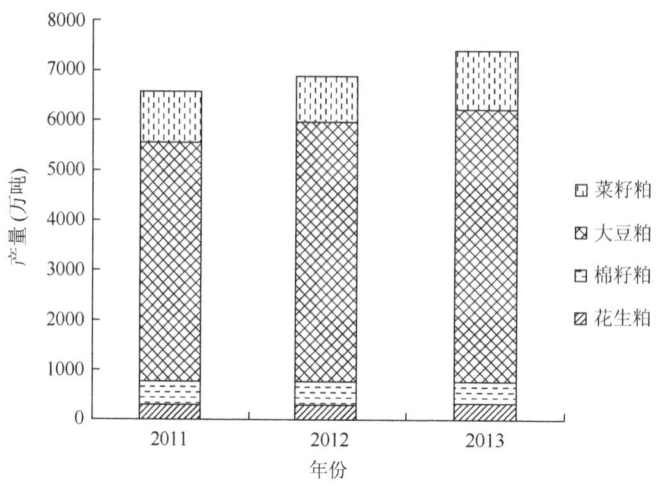

图 1.37　油料作物加工副产物饼粕年产情况

数据来源：USDA，2014

健康食品及化妆品和抗生素原料。豆粕一般分为带皮豆粕（一级蛋白含量≥44%，二级蛋白含量≥42%）和去皮豆粕（一级蛋白含量≥48%，二级蛋白含量≥46%）两种，且豆粕的价值主要取决于其粗蛋白含量。市场上一般利用低温豆粕生产大豆蛋白粉、大豆组织蛋白、大豆浓缩蛋白、大豆分离蛋白等。大豆蛋白及其水解物具有降胆固醇和降血脂的保健作用，能有效预防肥胖和心血管疾病。大豆粕的相关产品如表 1.13 所示。

表 1.13　大豆粕的相关产品

名称	价格	生产厂家
大豆分离蛋白	17800 元/吨	临沂山松生物制品有限公司、大庆日月星大豆蛋白有限公司、河北百味生物科技有限公司
大豆组织蛋白	7500 元/吨	山东三维大豆蛋白有限公司
大豆浓缩蛋白	10000 元/吨	山东三维大豆蛋白有限公司、山东隆兴生物工程有限公司、济南圣和化工有限公司
大豆肽	1000000 元/吨	山东天骄生物技术有限公司、河南兴源化工产品有限公司
大豆多糖	85000 元/吨	上海白奥特植物蛋白科技有限公司
大豆膳食纤维	320000 元/吨	上海白奥特植物蛋白科技有限公司

注：资料数据来源于阿里巴巴网站

2013 年花生粕产量为 347 万吨，占饼粕总产量的 4.6%，由于进口 6 万吨，全年度总供应量为 353 万吨，其中，饲料用花生粕 352.9 万吨，出口 0.1 万吨，其他应用极少（USDA），可看出国内花生粕全部用于饲料养殖业。表 1.14 为花生粕相关的产品。与大豆粕产品相比，花生粕相关产品较少。2013 年花生粕主要来源于以下油脂公司：山东鲁花集团、益海嘉里投资有限公司、龙大食品集团有限公司、中粮集团有限公司、嘉里粮油（青岛）有限公司等。

表 1.14　花生粕的相关产品

名称	价格	生产厂家
花生蛋白粉	7500 元/吨	蓝山集团
花生分离蛋白	180000 元/吨	上海白奥特植物蛋白科技有限公司
花生浓缩蛋白	200000 元/吨	上海白奥特植物蛋白科技有限公司

注：资料数据来源于阿里巴巴网站

3）粮油加工副产物利用高新技术

现代科学技术在化学工程、电子工程、机械工程、材料工程等领域的飞速发展，给食品工业带来了一些颇具生命力的高新技术，这些高新技术将使农产品加工产生一些根本性的变革。现代农产品加工中高新技术主要有现代生物技术、超临界萃取技术、超高压技术、膜分离技术等。

粮油加工副产物含有丰富的活性肽、低聚糖、功能性油脂、抗氧化剂等功能性成分，利用发酵工程、酶工程技术和生物物质分离技术可以制备多种具有功能活性的成分，对粮油加工副产物的综合利用可获得较高的经济效益和社会效益。

超临界流体、亚临界流体由于其具有较低的温度下萃取、防止热敏性物质的氧化分解等优点，可应用于小麦胚芽油、大豆粕、花生粕、棉籽粕、菜籽粕中残油的萃取及香气成分的萃取，为副产物高值化利用提供有效途径。

4. 粮油加工装备现状

伴随着科技的飞速发展，我国粮油加工装备发展迅速。以我国小麦制粉装备为例介绍粮油加工装备现状。我国制粉工艺技术主要经历了照抄→学习→分析→创新等几个阶段。20 世纪 80 年代以前，我国制粉工业普遍采用的是前路出粉法，制粉工艺流程较短，一般都是 3B4M，出粉率虽高但产品单一，主要以标准粉为主。1981 年，我国引进了第一条国外面粉生产线，之后陆续引进了 300 条生产线，工艺流程增长，加工精度提高，产品出现了等级粉。2002 年以后，小麦粉加工工艺技术进入适合我国国情、适合国产小麦、适合生产传统面制食品需求面粉的创新阶段，高精度面粉出粉率明显提高，专用粉新品种不断增加，并实现了向东南亚、中亚、中东等地区的技术输出。

在制粉装备方面，目前我国从原粮的输送、仓储、清理与调质等前处理设备到制粉车间主设备，以及辅助设备、气力输送、通风除尘、出仓、检斤、配混、包装、码垛、装卸等已全部实现国产化，完全可以满足国内面粉加工业对生产设备的需求。日处理小麦1000吨的成套设备与工艺达到了国际先进水平，并实现了加工设备的出口。在制粉工艺方面，目前国内大型企业普遍采用4~5道皮磨、7~10道心磨、2~3道渣磨、2~3道尾磨、2~4道清粉的制粉工艺。为保证物料分得清、筛得净、提得纯，通常采用清粉技术将前路各系统产生的麦心、麦渣物料提纯后再送往心磨、渣磨系统研磨，以提高低灰分、高加工精度优质面粉的出率；前路细物料经过初步筛理分级后再次进入清粉系统；心磨系统、渣磨系统、再筛物料入筛之前由撞击磨或松粉机处理提高研磨和筛理效率；后路皮磨系统配置打麸机或刷麸机，提高剥刮效率，使得胚乳部分被充分分离提高总出粉率。在品质控制方面，大型面粉加工企业已经开始依据原料的品质进行分类储藏和搭配加工，确保入磨小麦工艺品质的稳定。为保证产品食品工艺特性，大型面粉企业不仅对面粉理化特性进行测试，还建立蒸煮、烘焙实验室，进行面制食品生产配方的研发，保证出厂产品的品质稳定，为食品企业提供相应的服务。在自动控制方面，顺序启停、故障报警、在线工艺流量和产品出率监测等方面的自动PLC控制手段和设备在国内大部分200吨以上的制粉车间已得到广泛应用，为车间的生产管理提供了很大便利。

5. 传统主食加工与装备

目前，速冻水饺、汤圆、挂面、鲜食米饭、米粉等谷物类主食的自动加工技术先进，装备基本实现国产化。馒头生产企业研究抗老化技术，通过添加乳化剂、酶制剂等保鲜剂，提高面团吸水量、改善面筋网络结构、提高馒头表面面粉糊化程度实现馒头的抗老化。方便面生产企业采用自动供料系统，改进和面工艺以达到提高加水量、减少和取代油炸工序的目的，应用多种方式的成型、面带熟化、真空和面、真空冷冻干燥生产菜包、软罐头技术等。速冻主食生产企业研发人员研究日本冷冻食品中广泛使用的可溶性大豆多糖，利用它提高产品的水分稳定性、对温度的耐受性、减少对设备的沾黏，改善了产品不耐煮、易破漏等缺陷。特别是对螺杆组合、腔体结构、原料适用性及自动化控制等方面进行了深入的研究，突破谷物类粮食加工挤压技术的瓶颈，使双螺杆挤压技术向营养杂粮食品、早餐谷物食品和大豆组织蛋白等领域的延伸，使我国挤压技术研究与装备研制登上新台阶。调理技术方面，中国农业科学院农产品加工研究所传统食品加工与装备研究室已经成功开发德州扒鸡自动化生产线，并可延伸到畜禽酱卤制品的工业化生产。包装方面，真空包装和气体置换包装等包装技术，塑料多层共挤、塑铝复合、纸塑复合等高阻隔包装材料，拉伸膜、软包装袋、塑料杯盒、纸塑盒、金属盒或罐等包装容器，无菌灌装、自动灌装等包装装备等，与发达国家的差距逐渐缩小。杀菌方面，UHT 液体杀菌、热水喷淋杀菌基本得到普及。中国农业科学院农产品加工研究所传统食品加工与装备研究室开发成功的双峰变温热水喷淋杀菌装备使得常温保存产品在相对温和的高温条件下达到商业无菌状态。特别是 2012 年以来，农业部启动实施主食加工业提升行动，工商资本进军主食加工业趋势明显。我国已投入数亿元科研经费，开展馒头、面条、米饭和菜肴的工业化、标准化加工技术的研究与装备的研制，加工技术与装备已成为主食加工行业发展中的重要角色（张泓，2014）。

但是，我国在主食工业化过程中，缺乏基础方面的研究，如缺乏主食产品专用品种的研究，主食产品标准尚未健全。主食加工技术仍然相对滞后，技术人才奇缺，缺乏创新能力和自主研发能力。加工装备的自动化水平不高，依赖进口设备多，机械标准化程度低，非标产品多。在主食加工技术与装备方面，尚未形成可支撑主食加工的产业化水平。

根据《食品工业"十二五"发展规划》要求，我国应重点发展营养早餐、杂粮主食、全谷物食品和薯类主食加工等主食加工技术及专用装备，以及传统主食品工业化生产装备，同时注重杂粮（豆）、中餐菜肴的工业化生产。可从以下方面着手推动我国传统主食工业化加工技术：建立标准化工艺技术，规范主食化加工过程中原辅料、工艺、配方、分割、包装、销售等环节的操作；开发新型热源利用与节能技术，如电磁诱导过热蒸汽技术、太阳能干燥技术等；自动化加工技术的开发，可重点开发传统菜肴的自动化生产技术，避免传统食品加工工艺复杂；研究开发主食产品品质保持和货架期延长技术，利用酶制剂延缓馒头等产品的老化，充分利用食品保藏栅栏技术；研究主食产品的复热技术，考虑包装形式、容器的材质及食用前如何快速安全地达到复热可食程度。为实现我国传统主食加工自动化、智能化装备及连续化生产线，可从以下方面着手推动传统主食工业化专用设备发展：开发如一体化仿生擀面机及智能化隧道式馒头加工生产线、智能化隧道式包馅类加工生产线成型及烹饪装备，以及生产线、连续化畜禽自动酱卤制品加工生产等；混合气体置换自动充填包装机、多头自动称量灌装机等包装、罐装设备的开发；开发高压脉冲杀菌装备等冷热杀菌设备。

6. 粮油安全现状

2013 年中国粮食生产实现了"十连增"，但在耕地等资源日趋紧张、生产成本不断上涨的情况下，粮食安全依然是国计民生的一个永恒话题。

我国重视专用原料的推广，以提高粮油的质量安全，扩大优质稻谷、专用玉米、专用小麦、优质大豆的生产，搞好产销衔接，促进优质专用粮食向区域化种植、专业化生产和产业化经营方向发展，以加工业促进原料产业调整。优质稻米、优质专用小麦、"双低"油菜和高油酸花生等种植面积逐年上升。但同时也发现，我国耕地基础地力后劲不足、污染加重等问题正变得越来越严重。在原本肥沃的东北黑土区，耕地土壤有机质含量大幅下降，很多地方已露出黄土。与此同时，南方土壤酸化、华北耕层变浅、西北耕地盐渍化等问题也日渐凸显，导致粮食和油料作物的减产或污染。

粮油内源性污染主要指粮油原料本身所含有的、能引起机体产生不良反应的物质，如部分过敏原、抗营养因子等。现在粮油中主要的过敏原来源主要有花生、大豆和小麦。据调查显示大约 2.3%的儿童和 0.4%~1.4%的成人会对花生过敏原过敏。大豆中最主要的抗营养因子有胰蛋白酶抑制因子、大豆凝集素、大豆球蛋白及 β-伴大豆球蛋白，它们能够引起幼龄动物肠道过敏、腹泻、肠道损伤、胰腺增生肥大、免疫机能下降、胃排空速率下降、食物滞留、采食量下降、日增重下降、生长缓慢甚至死亡。小麦中的非淀粉多糖的含量很高，其中主要是木聚糖。木聚糖是构成植物细胞壁的成分，而细胞壁包裹淀粉颗粒后，会阻碍畜禽对淀粉的消化。非淀粉多糖在胃肠道中会产生黏度，影响胃肠道的正常蠕动，并能减少消化液和食糜的接触，从而影响消化吸收。非淀粉多糖会被后肠道微生物利用，导致微生物增殖，从而产生腹泻等问题。

粮油外源性污染主要指微生物及其他化学物质如重金属毒物（如甲基汞、镉、铅、砷）、N-亚硝基化合物、多环芳族化合物、农药残留等影响粮油及其产品安全性的污染。粮油食品也可能会吸收、吸附外来的放射性物质，从而引发质量安全问题，造成粮油食品的物理性污染。同时植物油料在生长过程中，受空气、水和土壤的多环芳烃污染。病源微生物、生物毒素、药物残留等影响粮油及其产品安全性的污染。细菌及细菌毒素、霉菌及霉菌毒素、病毒、寄生虫及卵等，均可对粮油食品造成生物性污染。农药按其用途分为杀虫剂、杀菌剂、除草剂、植物生长调节剂、粮食熏蒸剂、防护剂等；按其化学组成分为有机氯、有机磷、有机氟、有机氮、有机硫、有机砷、有机汞、氨基甲酸酯类及氯化苦、磷化铝。农药除可造成人体急性中毒外，绝大多数还会对人体产生慢性危害，并且大多通过对粮油及其制成品的污染而影响人体健康。

粮油加工过程中的污染指粮油加工过程环节较多，不科学的加工工艺、缺乏全程质量控制、操作不当等带来的污染。生产环境卫生条件差，原辅料减菌化处理不充分，生熟材料混放等造成微生物的污染和大量繁殖；过量使用化学添加剂或使用未经批准的非法添加剂造成的化学污染；原料清洗过程中清洗剂残留超标和操作技术不良、真空脱臭工艺不过关等造成的有机溶剂残留超标；设备润滑剂泄露造成的污染；包装材料、破损容器带来的化学污染；加工过程中产生的新的化学污染。我国粮油加工龙头企业上广泛采用的食品安全控制体系包括 GMP（良好的操作规范）、ISO9000 质量保证体系和 HACCP 系统（危害分析和关键控制点体系），对加工过程可能出现的安全隐患进行控制，确保粮油制品的安全，但一些中小型企业粮油制品中霉菌毒素尤其是黄曲霉毒素超标，存在滥用添加剂和化学物质等现象，如加工大米时违禁使用矿物油、非法使用甲醛次硫氢钠和焦次硫酸钠等漂白剂；清理工序工艺落后，设备陈旧，导致原料中的有毒、有害杂质和霉变粮油原料未被清除干净而加工为成品粮油；而且还会在加工环节增加新的质量安全隐患，如面粉中添加过氧化苯甲酰时混合均匀度差造成添加剂局部超标。油料在加工过程中由于烟熏和润滑油的污染或者油脂在过高的温度下热聚变形成多环芳烃，使毛油中普遍存在着苯并芘，若精炼不充分，会残留在食用油中，影响人体健康。

1.1.3 果蔬加工业发展现状

1. 果蔬加工原料产量与区域布局

1）我国果蔬加工原料产量情况与区域布局

20 世纪 80 年代中期以来，特别是 90 年代，我国果蔬生产规模不断扩大。以 2013 年为例，全国果园播种面积 0.12 亿公顷，总产量 2.51 亿吨；全国蔬菜播种面积 0.21 亿公顷，总产量 7.35 亿吨。蔬菜已成为我国第一大农产品。据 FAO 统计，我国蔬菜产量占世界的 40%~50%，居世界第一。图 1.38 和图 1.39 分别表示了我国 2005~2013 年水果和蔬菜的播种面积和产量的变化趋势，总体而言，果蔬的播种面积一直稳步增长，果蔬的产量近几年一直呈现直线增长，在能够保持国内供应的基础上，外销出口额也在逐年递增。

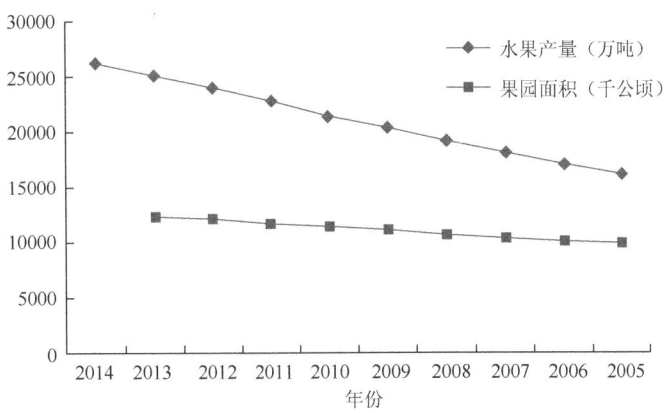

图 1.38　2005~2014 年我国水果产量及果园面积变化

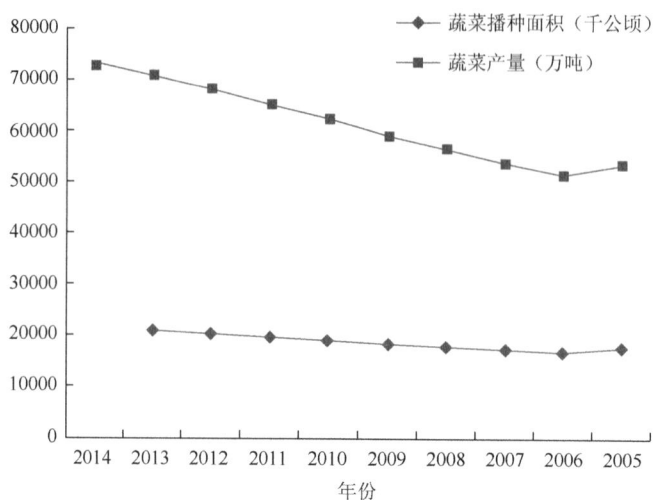

图 1.39 2005~2014 年我国蔬菜生产总量及播种面积变化

数据来源:《中国统计年鉴(2014)》

2014 年,我国主要的水果蔬菜品种产量如表 1.15 所示。水果中苹果产量居于第 1 位,共计 4092.32 万吨,其次为柑橘,产量 3492.66 万吨。蔬菜中,产量最高的为番茄,共计 5012.5 万吨。

表 1.15 2014 年主要果蔬品种产量

	品种	产量(万吨)
水果	苹果	4092.32
	柑橘	3492.66
	梨	1796.44
	香蕉	1179.19
蔬菜	白菜	3339.1
	番茄	5012.5
	菠菜	1951.3

从省份果蔬产量信息来看,2014 年果蔬产量前 10 的省份是:山东、河北、河南、江苏、四川、广东、湖南、湖北、辽宁。其中,水果产量最高的 3 个省份是山东(3134.05 万吨)、河南(2560.19 万吨)和河北(2018.98 万吨),蔬菜产量最高的 3 个省份是山东(9973.70 万吨)、河北(8125.69 万吨)和河南(7272.46 万吨)(图 1.40)。

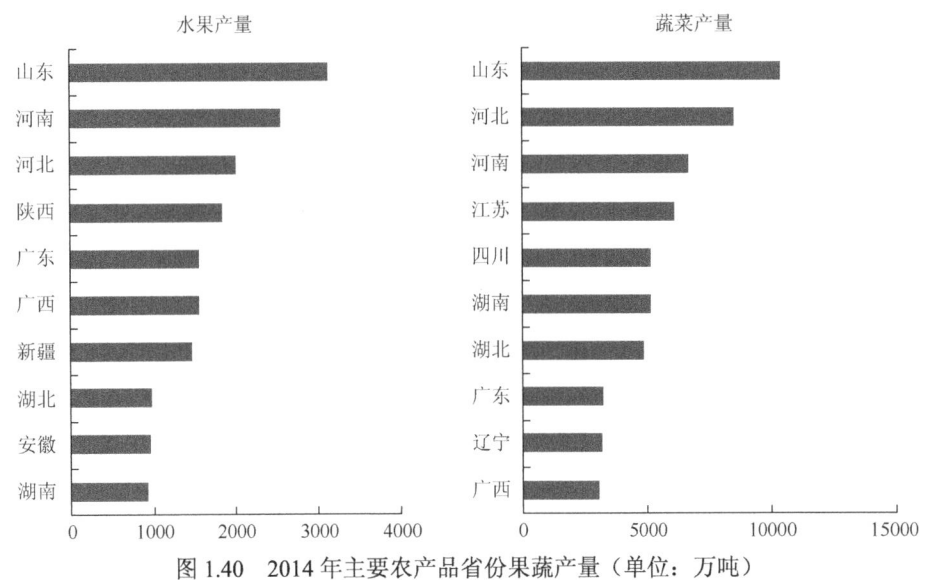

图 1.40　2014 年主要农产品省份果蔬产量（单位：万吨）

资料来源：《中国统计年鉴（2014）》

2）我国果蔬原料加工情况与区域布局

A. 水果

目前，我国果品的加工基地大都集中在东部沿海地区，近年来产业正向中西部扩展，"产业西移"态势十分明显（表 1.16）。果品加工区域化格局日益明显，逐步形成优势产业带。我国水果主要消费组成如图 1.41 所示：新鲜水果（62%）、水果汁（12%）、水果干（11%）、水果罐头（6%）、其他加工品种（9%），可见，我国水果消费仍以鲜食消费为主体，加工品种则以果蔬汁为主，新兴的加工果蔬品种（果酒、果醋等）消费份额也在逐年加大。

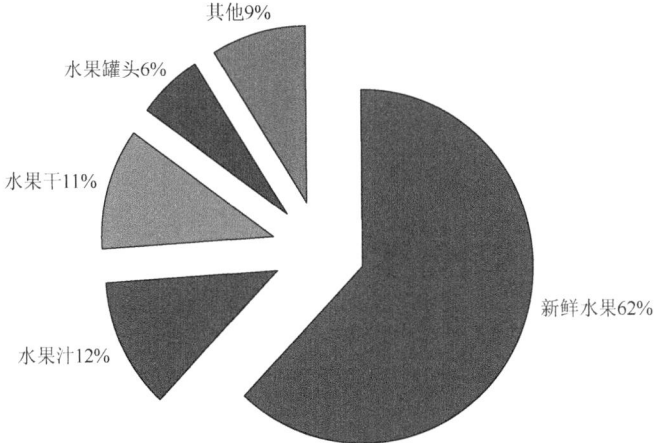

图 1.41　2012 年我国水果加工情况

表1.16 我国水果加工区域布局

产品	分布区域
浓缩苹果汁	山东、陕西、河南等
番茄酱、浓缩葡萄汁	内蒙古、新疆、甘肃、宁夏等
桃汁、梨汁	天津、河北、安徽等
浓缩枣汁	新疆、山东
热带果汁	广东、广西、海南等
水果罐头	河北、浙江、安徽、福建、山东、湖南、广东、新疆、广西等
柑橘罐头	浙江、湖南、四川、湖北等
桃罐头	河北、辽宁、江苏、山东、安徽等
番茄罐头	新疆等西部地区
热带水果罐头	广西等南方沿海省份

B. 蔬菜

目前，我国蔬菜加工产业逐步向布局集中、产业集聚方向发展。

外向型蔬菜加工产业布局已基本形成。针对蔬菜出口，已经形成包括东南沿海出口蔬菜重点区域、西北内陆出口蔬菜重点区域、东北沿边出口蔬菜重点区域等3个区域。其中，东南沿海出口蔬菜重点区域，包括山东、福建、浙江、广东、广西、江苏、辽宁、河北、天津、上海等10省区市，区域有114个出口蔬菜基地县，主要品种为大蒜、生姜、大葱、蘑菇、香菇、芦笋、花椰菜、刀豆、牛蒡、山药等新鲜、速冻蔬菜和特色加工蔬菜。西北内陆出口蔬菜重点区域，包括新疆、甘肃、宁夏、山西、内蒙古、陕西等6省区，含31个蔬菜出口基地县，主要产品为番茄酱、番茄汁、胡萝卜汁、芦笋罐头和脱水菜等。东北沿边出口蔬菜重点区域，包括黑龙江、吉林、内蒙古等3省区，16个出口蔬菜基地县，主要蔬菜品种为番茄、洋葱、黄瓜、西兰花、结球甘蓝、胡萝卜、甜椒等保鲜蔬菜。

针对国内市场的加工蔬菜产区不断壮大。针对国内市场的传统型的加工蔬菜以腌制蔬菜为主，其中，榨菜生产重点分布在涪陵、丰都、重庆江北、江津等地，形成了四川、重庆涪陵和沿杭州湾两大榨菜产业集群区。四川泡菜产区主要有3个，分别为泡渍泡菜及调味泡菜区、辣椒豆瓣调味品区、传统名腌菜区。其中，泡渍泡菜及调味泡菜区包括成都市彭州、眉山市东坡区、乐山市夹江等7市12县；辣椒豆瓣调味品区包括成都市郫县、资阳市雁江区和自贡市富顺等3市3县；传统名腌菜区包括南充市高坪区、嘉陵区、内江市资中、威远，宜宾市翠屏区、南溪等3市6县。近年来，新兴的鲜切蔬菜发展较快，北京、上海、广州等超大规模的城市是鲜切蔬菜消费主流市场，一般鲜切蔬菜市场供应范围在 200～300 千米，未来一段时间，鲜切蔬菜的建设将在较大规模城市周边迅速兴起。

2. 果蔬产地初加工现状

果蔬产地初加工主要包括果蔬等园艺产品的预冷、保鲜、储藏、分级、清选、整理、包装、集散、运输及其干燥。目前，大量果蔬收获后的初加工仍由个体农户与小型企业完成，农户分散加工比重超过 80%，苹果农户储藏比例超过 60%，马铃薯农户收储率高达 90%，红枣、葡萄、辣椒、黄花菜、木耳等果蔬作物 80%以上是由农户采用传统的自然晾晒和土法烘干进行干燥处理。据专家测算，我国水果的产后损失率为 15%～20%，每年损失量约为 1350 万吨，仅黄土高原和环渤海湾每年储藏损失苹果就可达到 340 万吨；蔬菜产后损失率为 20%～25%，每年产后损失蔬菜约为 1.4 亿吨，仅有 60%～70%的蔬菜能够得到有效利用；马铃薯产后损失达到 15%～20%，北方各省每年储藏损失约为 410 万吨。据 FAO 统计，2012 年我国香蕉产量为 1155 万吨，约占世界总产量的 11.8%，仅次于印度。我国马铃薯产业快速发展，种植面积和鲜薯产量均居世界首位，据 FAO 统计，2012 年我国马铃薯产量为 8586 万吨，约占世界总产量的 30%。

1) 香蕉产地初加工现状

一般来说，香蕉产地初加工具体分为三个环节：一是无伤运输；二是采后商品化处理，包括落梳清洗、杀菌保鲜、分级过磅、风干、贴标包装；三是预冷运输。我国大部分地区的香蕉采收以人力为主，运输工具主要是箩筐、手推车、牛车等，果品碰撞严重，机械损伤多，致使香蕉保鲜和储存期短，外观差，品位较低，销售价格低，市场竞争力不高。另外，仅有部分产区一些较大型企业实现一定程度的采后商品化处理与快速预冷后运用冷链保鲜运输，多数产区在香蕉收获后仅进行简单的清洗与包装，在运输过程中采用自然预冷。香蕉是呼吸跃变型热带水果，果实不易保鲜、不耐储运，产后损耗严重，近年来我国香蕉产后损耗率高达近 50%，远远高于我国果蔬产后的平均损耗率 25%和发达国家的 5%（李积华等，2008）。随着香蕉产量的迅速增加，鲜销有时不能完全消化，经常出现"卖难"现象，传统的人工采收与初加工方式已不适应当前香蕉产业发展的需要。

A. 香蕉产地初加工技术发展现状

（1）无伤运输。无伤运输是指采收之后把蕉穗运输至后续前处理区的运输技术。目前三大香蕉产区的无伤运输主要通过人工抬运（图 1.42）、平板车海绵垫无伤运输（图 1.43）、推车穗悬挂无伤运输（图 1.44）、农机车珍珠海绵分隔护果无伤运输（图 1.45）、索道无伤运输（图 1.46）五种方式实现。其中，前三种完全依靠人力，人工抬运的损伤率为 23.6%，而采收索道运输的损伤率仅为 2.71%，此外平板车加海绵垫运输和摩托车加珍珠绵垫运输的损伤率也相对人工抬运有大幅度降低（李德安，2006）。虽然索道运输损伤率最低，但受到散户比例大、蕉园土地条件和设备成品的限制，目前索道无伤运输的比例较低，广西地区仅一家公司有规模化的索道无伤运输线，而海绵（珍珠棉）垫运输最符合广西目前的生产实际，对分散经营的蕉农具有很大的推广价值。

图 1.42　人工抬运

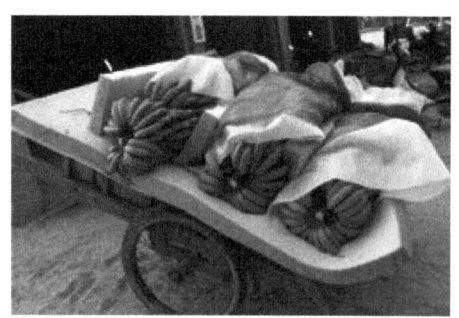 

图 1.43　平板车海绵垫无伤运输　　　　图 1.44　推车穗悬挂无伤运输

图 1.45 农机车珍珠海绵分隔护果无伤运输　　图 1.46 索道无伤运输

（2）采后商品化处理。目前，广西香蕉采后商品化处理线达 32 套，年处理能力为 120 万吨，香蕉全商品化、半商品化和非商品化数量比大致为 1∶1∶1。无伤采收普及技术推广后无损率可以达到 98%。商品化处理的成本合 0.02~0.03 元每斤，可实现香蕉销售价格提高 0.1~0.2 元每斤。海南 90% 以上的香蕉是由客户带着一套简易流水作业线（包括铁架+帆布、转盘、磅秤、柴油发电机、真空机等）和包装工人小组来到香蕉种植基地收蕉，只有个别的大型蕉园才配备有固定的商品化处理线。

香蕉采后商品化处理主要包括以下四个过程。

一是落梳清洗。目前，较大的香蕉收购站、合作社或企业的清洗程序都会采用流水进行清洗（图 1.47 和图 1.48），但是也存在一定数量的小型收购站和低级合作社会使用静水反复清洗果实（图 1.49 和图 1.50）。海南 90% 蕉园采用简易的流动式采后处理线，其清洗方法一般是采用静态水清洗方式，导致大量病菌聚集于池内，引起健康果实遭受病菌侵染，特别是在香蕉收获的旺季，部分商贩甚至不做清洗，直接浸泡防腐剂后装车运输，无法保证基本的食品卫生。

图 1.47 蕉穗悬挂无着地落梳图　　图 1.48 香蕉流水清洗池

图 1.49　散户落梳前香蕉堆放

图 1.50　散户简易静水清洗

二是杀菌保鲜。香蕉储运过程中常见的真菌性病害有炭疽病、冠腐病、焦腐病等。为了延长储藏保鲜期和货架期，广西设计安装了保鲜液自动循环喷洒系统，海南各蕉园多采用杀菌保鲜液浸泡（图 1.51）。然而，目前保鲜剂的使用无统一标准，占广西比例近 90%的散户种植香蕉多被批发商收购，各批发商根据个人需求选择保鲜剂，无相关标准约束、无相关部门监督，存在严重的食品安全隐患。

图 1.51　香蕉保鲜液的浸泡

三是分级过磅。我国制定了关于香蕉分级国家标准《香蕉》（GB 9827—1988），海南万钟实业有限公司的《香蕉分级、包装》（Q/WZ0001—2005）也规定了香蕉质量分级。但是目前的香蕉分级阶段只是剔除异常小的、有明显裂痕及明显伤疤的果子，并没有严格按照国标对香蕉进行分级。金穗等其他大型公司及合作社关于香蕉的分级也没有明确的规定。

四是贴标包装。包装环节很重要，为了防止磕碰带来的损失，在海南多数采后生产线装箱时要在每个果把之间垫上珍珠棉，这也是国际通用做法。真空包装（图 1.52）可使塑料薄膜袋内的氧气浓度降低，抑制香蕉的呼吸作用，从而延缓后熟，蕉果硬，皮色新鲜，梳蕉切口颜色好。有的公司采用另一种铺垫材料——纸垫片（图 1.53），来达到相同的目的。同时，据了解，纸垫片不但可以避免果把相互磕碰，而且还可以使包装好的香蕉进入冷库后更快降温，此种方式与杜乐公司采用的方式相同。

图 1.52　单果贴标、抽真空包装

图 1.53　过磅、装箱

（3）预冷运输。把包装好的香蕉送入 12～15℃的低温库进行预冷 24 小时，使香蕉内外温度达到一致后，即可运输销售或移到保鲜库储藏。通过预冷：一方面，可以降低香蕉本身的呼吸强度，有利于储藏保鲜，减少损耗；另一方面，有利于后熟（或催熟）时均匀着色。

但是，目前广西绝大多数香蕉并没有专门的预冷环节，预冷库较少，仅在运输过程中自然预冷。广西香蕉以北运为主，夏运高温，远程北运宜用机械保温车、加冰保温车或制冷集装箱；冷凉季节可用棚车。运入严寒地区应有保温设备，车厢内壁要悬挂 1～3 层草帘、紧闭门窗或以塑料膜覆盖货堆保暖。例如，用棚车北运，夏季则要防热，减少载量，装货时注意堆垛要排齐紧靠，各箱涵气孔对齐，分组留通风道，货堆上留 50 厘米空间，门窗尽开，以利通风降温。运输途中经常检查厢内温、湿度和货堆情况，及时处理，确保安全。

在海南，除皇帝蕉及部分巴西蕉采用采后产地快速预冷外，其他香蕉基本上采用当天采收、当天包装、当天运走的方式。据海口市农业局提供数据，目前海口市用于香蕉预冷的冷库有 8 个，规模为 500~1000 吨，储藏香蕉品种为巴西蕉，经预冷的香蕉经济效益可提高 2%左右。由于海南多产春蕉和秋蕉，采蕉时内地正处于气温凉爽的时节，所以运输过程中多采用自然预冷的方式，而非冷链运输。

B. 香蕉产地初加工装备与设施发展现状

（1）无伤运输设施。采用索道采收香蕉，可提高香蕉的外观质量，延长香蕉的储藏保鲜期，并延长货架期，从而可以提高香蕉的价格，提高经济效益。同时，还可以提高采运工效，降低劳动强度，有利于提高香蕉的商品价值和市场竞争力，从而提高香蕉产业的整体效益。据估算，用铁索道采收的香蕉，每千克收购价可提高 0.2~0.4 元，若每亩按产量 2 吨计算，每亩可增收 400~800 元。但通常索道成本较高，一般约为 5 万元 1 千米，另外受到轮种的影响，有些不种香蕉的年份，索道几乎闲置，因此，在广西并没有普遍应用（图 1.54）。

图 1.54　索道无伤运输线

（2）包装房方面。海南仅有少数大规模蕉园配备包装房。包装房可以分为标准式固定包装房和简易式包装房。标准式包装房包括包装棚、包装流水线、预冷库、工人日常居住房屋及其配套设施（图 1.55）。目前，海南没有标准式包装房，多数拥有包装房的蕉园采用简易式包装房，即配有包装棚和包装流水线。

图 1.55　临高县南宝镇香蕉示范基地包装房

与简易式包装房相比，固定式包装房适合大规模正规化蕉园，其设施齐全，包装好的香蕉可以进入预冷库预冷，保证香蕉的品质。同时，标准式包装房还拥有供工人居住的包装工棚，使工人能够随时监控蕉园现状，以能够满足连续多日集中采收的目的。目前，海南还没有标准式包装房，但是建设标准式包装房将会成为今后的必然趋势。

（3）采后商品化处理设施方面。我国香蕉的采后商品化处理线存在两种模式——固定式和流动式。固定式商品化处理线通常建设在包装棚中，具有整套香蕉采后商品化处理生产线的技术设备。有的包装棚还与索道连接，采后香蕉直接通过索道运送过来，实现无落地落梳。固定式商品化处理线可以很好保证水源的安全性，其遮阳性好，可降低温度，延长香蕉的储藏期，同时固定式处理线可形成流水化生产，处理量大，劳动强度相对较低，产品损失率低（图 1.56 和图 1.57）。但固定式商品化处理线成本较高，一般在 3 万~5 万元，不够灵活，适合大规模蕉园使用。

图 1.56　固定式包装棚、包装棚与索道连接

图 1.57　固定式包装流水线

目前，海南和广东徐闻县约 90%的蕉园采用流动式采后商品化处理线。流动式采后商品化处理线的搭建需要铁架、帆布、转盘、磅秤、柴油发电机、真空机等；若由专业采蕉队伍配置，可实现散户香蕉在地头的"边砍蕉、边处理、边包装、边收购"过程。其优点是：设备价格便宜，容易拆装、移动，可在田间地头完成整个香蕉采后处理过程。但首先由于流动式未配有固定的水井、水池及水循环设施，所以不能保证清洗用水的安全性及流动性。其次，用铁架和帆布搭建的简易棚的隔热防晒效果比固定式包装棚差，容易造成香蕉晒伤。最后，流动式商品化处理线通常处理量较小，不能够满足大规模采收包装（图 1.58 和图 1.59）。因此，固定式采后商品化处理线必将成为今后发展的趋势。

图 1.58　蕉园里的流动式商品化处理线

图 1.59　流动式香蕉包装流水线

（4）储藏设施——预冷库方面。广西绝大多数香蕉并没有专门的预冷环节，通常采用运输过程中自然预冷，仅个别规模较大的香蕉生产企业有自己的预冷库。

据海南省南亚办提供数据，目前海南全省瓜果菜预冷库有 116 个，库容达 16.13 吨/次。在海南，除皇帝蕉及部分巴西蕉采用采后产地快速预冷外，其他香蕉基本上采用当天采收、当天包装、当天运走的方式。一旦包装好的香蕉没有被及时输送出蕉园，就会造成香蕉大量积压，在没有较好的预冷条件下，香蕉的品质会逐渐降低，从而给蕉农带来严重的经济损失。所以，下一步应极力推广香蕉采后产地快速预冷技术，提高产品附加值。

2）马铃薯产地初加工现状

A. 马铃薯产后储藏现状

目前，我国马铃薯的储藏方式主要有以下几种：在南方地区，马铃薯储藏主要采用堆储、地窖储藏、防空洞储藏，室内通风储藏和冷库储藏（图 1.60）。在北方地区，马铃薯主要采用地下或半地下式窖藏，依据各地的地势、土质、地下水位及建造材料取材难易和经济状况等，建造棚窖、井窖、窑洞式窖、砖石结构分储藏室的拱窖。部分地区农户还采用土埋、室内稻草覆盖和冷库储藏等方式（图 1.61）。储藏期间气候条件、储藏条件、储藏管理等因素可造成马铃薯"出汗""结露"现象发生，储藏设施顶部产生"冷凝水"，甚至发生"结霜"现象。这些现象的发生易导致马铃薯提前发芽、病害蔓延、库损增加。

图 1.60　南方地区马铃薯窖库储藏

图 1.61　北方地区马铃薯窖库储藏

B. 马铃薯产后初加工能力现状

随着我国马铃薯产业化的发展,马铃薯的生产与初加工能力得到了迅速提高,出现了马铃薯产品的地区性、季节性等局部结构性过剩与专用品种的地区性、季节性供应不足共存的现象。现有马铃薯加工企业 5000 多家,但绝大多数规模较小,工艺落后、资源浪费和环境污染等问题突出;加工关键装备制造企业整体研发能力偏弱,关键技术多以模仿为主;加工业与种植业脱节,原料供应和加工生产不稳定。另外,我国马铃薯生产整体机械化程度较低,马铃薯种植地块又较为分散,绝大部分小面积生产的地块,采用人力手工的铁锹或锄头,较大面积的采用畜力牵引,收获环节机械化程度低,耐用、适用的中小型机械缺乏,大型机械依赖进口。

3. 果蔬深加工与副产物综合利用现状

果蔬产品含有丰富的维生素、矿物质及膳食纤维,是日常生活中不可缺少的副食品,近些年果蔬产业发展迅猛,已成为农民增收的支柱产业和创汇农业的重要组成部分,成为仅次于粮食的世界第二重要农产品。2013 年我国水果和蔬菜产量分别为 2.51 亿吨和 7.35 亿吨,但果蔬加工转化率不足 15%,水果的损耗率为 20%~30%,而蔬菜损耗率为 30%~40%,每年有超过 1 亿吨果蔬农产品腐烂损失,经济损失达 1000 亿元人民币以上，造成巨大的资源浪费和经济损失。

表 1.17 是 2012 年我国主要加工水果产量及其副产物所占比例，果蔬加工副产物中含有丰富的蛋白质和膳食纤维等资源，采用现代农产品加工高新技术（如利用微生物发酵、膜分离等）可大大提高果蔬加工副产物利用率及附加值。

表 1.17 2012 年我国主要加工水果产量及其副产物所占比例

品种	产量（万吨）	副产物比例
菠萝	119.11	50%~60%
柑橘	3167.80	30%~50%
苹果	3849.07	25%~30%
葡萄	1054.32	20%~25%
芒果	456.72	15%~20%

数据来源：《中国统计年鉴（2013）》

超微粉碎技术是近 20 年迅速发展起来的一项高新技术，是指利用机器或者流体动力的途径将 0.5~5mm 的物料颗粒粉碎至微米甚至纳米级（5~25nm）的过程，采用超微粉碎技术对果蔬加工副产物进行处理后，物料细胞破壁，大量的营养物质不必经过较长的路径就能释放出来，并且微粉体由于粒径小而更容易吸附在小肠内壁上，这样也加速了营养物质的释放速率，使物料在小肠内有足够的时间被吸收。

酶解技术由于其具有自身安全、反应条件温和、高效和易于控制的特点，在降低工艺难度和能耗的同时，使食品的营养价值得到进一步的提高。果蔬加工副产物中含有大量纤维，采用纤维素酶对其进行酶解，可得到营养丰富的酶解液（粉），为延长果蔬副产物加工产业链提供指导和依据。

4. 果蔬加工设备

果品加工技术和装备水平有了进一步提升，新的技术得到推广和应用，大大提高了果品加工水平，主要成果如下。

在果汁加工领域，果品榨前分离设备（即冷破碎设备）一次性试车成功，标志着我国果品加工设备向着国际先进水平又迈出了一大步。该设备可实现多种原料品种的分离处理，已完成了对苹果、猕猴桃、大辣椒、红萝卜等果蔬的初步试验，去皮去籽彻底，果浆变色轻，果肉损失小，设备运行平稳，效率高。此外，探讨了高压脉冲电场杀菌技术和冷冻浓缩技术集成在果汁浓缩加工中的应用，明显提高了产品的品质，为高压脉冲电场非热加工技术工业化应用提供了理论基础。在果汁包装方面，无菌冷灌装设备受到越来越多企业的关注及应用。无菌冷灌装采用 UHT 超高温瞬时杀菌，热处理时间不超过 30 秒，可以减少物料的营养成分损失，保持产品的原有风味，无菌冷灌装将成为国内饮料包装的必然趋势。陕西师范大学完成了对果汁中主要生物危害的检测与控制技术的科技成果项目，运用分子生物学技术快速检测浓缩果汁中耐热菌，与目前国际上广泛采用的平板培养检测法相比，检测周期大大缩短，快速分离技术可达到在线检测要求，采用展青霉素的高效前处理及 HPLC 检测，结合风险评估，树脂及膜分离技术，有效达到对果汁质量安全的控制。

在水果罐头加工领域，机械化、自动化、连续化加工技术及装备的研制仍是 2010 年的发展重点。机械去皮设备、酶法去皮技术、自动杀菌技术的研制与开发进一步加快了水果罐头连续化生产的进程。湖南省农产品加工研究所成功完成了柑橘罐头生产中的酶法去皮技术，并在黄桃罐头的加工中成功应用。同时，该所开发的酶法脱囊衣和节水降耗新技术已在柑橘罐头企业进行工业化生产，且均取得非常好的效果。研究了冷杀菌技术如超高压杀菌、辐射杀菌、超高压脉冲电场杀菌、脉冲强光杀菌、紫外杀菌等冷杀菌技术在果汁类罐头的杀菌应用，但尚未形成市场化。在包装形式上，继续开发出软包装、易开罐、半刚性等包装形式，方便携带及食用。水果罐头越来越重视其营养价值及健康性，开发无糖型、无添加剂等产品，重新赢得消费者的肯定和市场份额。

在脱水水果加工领域，2010 年，太阳能干燥技术应用于红枣、杏等的干燥，并开发研究出多种太阳能干燥器装置：温室型、集热器型、集热器-温室型、整体式，同时将太阳能集热技术与低温干燥技术进行系统集成，不仅保持了果蔬原有的营养价值，而且降低了干燥能耗。开展了射频热风联合干燥技术在红枣干燥中的应用，使用射频热风联合干燥可以大大缩短红枣的干燥时间，提高生产效率，降低能耗。此外，针对不同的果蔬原料特点，低温气流膨化技术、真空低温油炸技术、微波真空干燥技术、低能耗联合干燥技术等关键技术及设备得到进一步广泛应用。

在速冻果品加工领域，速冻设备不断推陈出新，并在现有速冻设备基础上进行改造，在不影响速冻产品品质的前提下，实现节能低耗生产。隧道式速冻设备、流化床速冻机、流态化速冻装置等设备在果品速冻方面得到进一步应用，实现了单体的连续速冻，保证了产品的质量。速冻果品产品种类进一步扩大，开发出速冻黑莓、速冻蓝莓、速冻黄桃等产品。

在果酒加工领域，不断开发新型果酒产品，如沙棘果酒、李子果酒、枸杞果酒、刺梨果酒、红树莓果酒、西瓜果酒、杨梅果酒、猕猴桃果酒、柑橘果酒等，丰富果酒产品种类，提高果酒的市场占有率。采用生物降酸技术代替化学降酸技术，能够有效地降低果酒的酸度，增加果酒的生物稳定性，提高果酒的品质。此外，采用原生质体融合技术改良现用工业酵母菌种和选育优良工业酵母菌，构建出新型高效果酒专用酵母：降酸酵母、增香酵母、抗氧化酵母等。这些先进技术的研究,极大地提高了我国果酒加工的工艺水平。

脱水蔬菜是蔬菜出口中的主要品种,但是我国在此领域的科研和装备设计多处于分散状态,科技开发和储备不足,脱水蔬菜企业绝大多数规模小且实力弱,生产技术水平和装备较为落后,目前我国用于果蔬脱水的干燥设备约 12000 多台(套),主流机型是热风干燥,其中,脱水蔬菜热风干燥的比例占 90%,耗能严重,产品质量得不到保证,严重制约了我国脱水蔬菜的商品化发展。真空冷冻干燥的比例约 10%。真空冷冻干燥设备虽然投资费用很高,约为热风干燥的 10 倍以上,但由于产品营养损失少、复水性好,保持了原有蔬菜的风味,品质好、质量高,深受国外用户的欢迎。冻干蔬菜在国际市场的价格是热风干燥脱水蔬菜的 4~6 倍。目前,山东是我国真空冷冻干燥机保有量最多、规模最大的省份。

5. 果蔬安全现状

近年来,我国果蔬产业迅猛发展,水果蔬菜产量均居世界第一,果蔬人均占有量远超世界人均占有量,供给充足。此外,产地果蔬分选、分级、清洗、预冷、冷藏、运输等问题仍不能很好地解决,致使水果在采购流通过程中的损失污染相当严重,果蔬每年损失率为 25%~30%。据有关部门的保守估计,果蔬采后的腐烂损耗量几乎可以满足 2 亿人口的基本营养需求。

果蔬的外源性污染同样让人忧虑。然而近年来,化肥农药的污染、大气污染、水质污染、土壤污染、人为违规使用农药等引起果蔬安全隐患。果蔬中残留农药在人体内长期蓄积滞留会引发慢性中毒,以致诱发许多慢性疾病,农药在人体内的蓄积,还会通过怀孕和哺乳传给下一代,殃及子孙后代的健康。

在加工和保存过程中仍存在安全隐患。包括清洗水、包装材料,还有一些催熟剂、膨大剂、二氧化硫等的应用,都会给人体造成极大危害。

同时,我国果蔬标准体系仍不完善,标准的可操作性和指导性不强,行业标准相互交叉、重叠。产品标准制定不科学难以真实反映产品的质量状况;感观指标中描述性语言过多,缺乏量化指标。联合国食品法典委员会(CAC)规定 HACCP 体系作为食品企业保证食品安全的强制标准,但在我国只是一些出口型或大型企业进行 HACCP 安全质量体系认证,国家对内销企业还没有强制性要求,很多企业对 HACCP 体系的内涵和意义认识不够,甚至有些已经通过 HACCP 认证的企业在具体的生产过程中也没有严格按照 HACCP 体系的要求去做。

1.1.4 肉制品加工业发展现状

1. 原料肉产量与区域布局

2013 年我国原料肉产量情况如图 1.62 所示,肉类产量为 8535 万吨,比 2012 年增长了 1.8%，其中，猪、牛、羊、禽肉产量为 8372.7 万吨，猪肉产量 5493 万吨、牛肉产量 673.2 万吨、羊肉产量 408.1 万吨，同比增长 2.8%、1.7%、1.8%，禽肉产量 1798.4 万吨，同比下降了 1.3%。

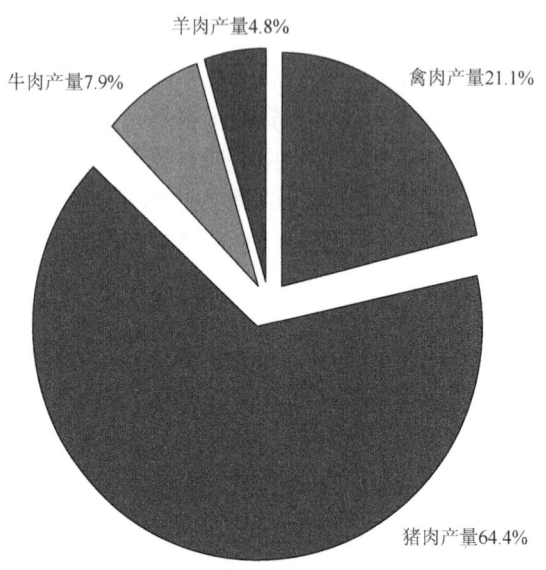

图 1.62　2013 年我国主要原料肉（猪、牛、羊、禽）产量情况

数据来源：《中国畜牧兽医年鉴（2014）》

2013 年，我国各省自治区肉类产量情况如表 1.18 所示。山东、河南、四川、湖南、河北、广东、湖北、辽宁、广西和安徽肉类产量列全国前 10 位，肉类产量合计 5241.5 万吨，占全国肉类产量的 61.4%；四川、河南、湖南、山东、湖北、广东、云南、河北、广西和安徽猪肉产量列全国前 10 位，猪肉产量合计 3452.8 万吨，占全国猪肉产量的 62.9%；河南、山东、河北、内蒙古、吉林、辽宁、黑龙江、新疆、云南和四川牛肉产量列全国前 10 位，牛肉产量合计 481.3 万吨，占全国牛肉产量的 71.5%；内蒙古、新疆、山东、河北、河南、四川、甘肃、安徽、云南和黑龙江羊肉产量列全国前 10 位，羊肉产量合计 308 万吨，占全国羊肉产量 75.5%；山东、广东、江苏、广西、河南、辽宁、四川、安徽、河北和吉林禽肉产量列全国前 10 位，禽肉产量合计 1297.7 万吨，占全国禽肉产量的 72.2%。肉制品原料生产全面增长，工业基础进一步稳固，主要原料肉生产的增长为肉类工业的发展奠定了更加稳固的物质基础（中国畜牧业年鉴编辑委员会，2014）。

表 1.18 2013年各省份肉类产量情况　　　（单位：万吨）

省份	肉类产量	猪肉产量	牛肉产量	羊肉产量	禽肉产量
北京	41.8	24.6	2.1	1.2	13.8
天津	46.5	29.8	3.3	1.5	11.3
河北	448.8	265.3	52.3	29.1	86.6
山西	83.2	61.2	5.2	6.2	9.1
内蒙古	244.9	73.4	51.8	88.8	22.3
辽宁	420.1	233.6	43.2	8.1	128.1
吉林	262.7	136.3	45.0	4.2	70.3
黑龙江	221.3	133.4	39.7	11.8	34.1
上海	23.8	18.3	—	0.6	4.1
江苏	383.2	229.9	3.2	7.8	131.9
浙江	174.3	138.8	1.1	1.7	31.5
安徽	403.8	253.4	18.1	15.0	116
福建	211.2	157.7	2.6	2.1	45.5
江西	321.9	245.1	12.7	1.1	61.2
山东	774.8	392.9	67.9	33.7	268.8
河南	699.1	454.1	80.6	24.8	122.3
湖北	430.1	330.6	20.2	8.2	70.1
湖南	519.2	430.6	18.2	10.7	57.4
广东	435.2	277.8	7.0	0.9	143
广西	420.0	261.3	14.3	3.2	135.3
海南	82.9	50.5	2.6	1.1	26
重庆	207.8	155.0	7.6	3.0	35.8
四川	690.4	510.8	31.1	24.5	95.6
贵州	199.7	163.7	14.1	3.5	15.5
云南	359.4	276.0	31.8	14.0	35.7
西藏	26.8	1.5	15.9	8.6	0.2
陕西	112.6	88.3	7.5	7.0	8.1
甘肃	91.0	50.8	17.2	16.6	4.3
青海	31.8	9.9	10.3	10.5	0.7
宁夏	27.4	7.1	8.7	9.0	2.2
新疆	139.4	31.3	37.8	49.7	11.5
总计	8535	5493	673.2	408.1	1798.4

数据来源：《中国畜牧兽医年鉴（2014）》

2. 肉制品加工情况

（1）大型企业增加，产业集中度进一步提升。2011年屠宰及肉类加工规模以上企业总数达到3277家，比2010年的4054家减少了777家，降幅为19.2%。其中，畜禽屠宰企业1956家，比上年的2237家减少了281家，降幅为12.6%；肉制品加工及副产品加工企业1321家，比上年的1817家减少了496家，降幅为27.3%。此外，还有肉禽类罐头制造企业80家，比上年的99家减少了19家，降幅为19.2%。从规模结构上看，大型企业发展提速，企业数量、资产总额、销售收入和利润总额在业内占比全面上升；中小企业发展放缓，各项经济指标在业内占比全面下降。

（2）投资规模显著扩大，产业结构进一步优化。2011年屠宰及肉类加工规模以上企业资产总额达到3672亿元，比2010年的2900亿元增加了772亿元，增长26.62%。其中，畜禽屠宰企业资产总额为2036亿元，比上年的1567亿元增加了469亿元，增长29.93%，行业占比为55.45%，比上年上升了1.41个百分点；肉制品加工及副产品加工企业资产总额为1636亿元，比上年的1332亿元增加了304亿元，增长22.82%，行业占比为44.55%，比上年下降了1.41个百分点。此外，还有肉禽类罐头制造企业资产总额71亿元，比上年的59亿元增加了12亿元，增长20.34%。

（3）销售收入明显上升，市场竞争力进一步增强。2011年屠宰及肉类加工规模以上企业销售收入总额达到9303亿元，比2010年的6996亿元增加了2307亿元，增长32.97%。其中，畜禽屠宰企业销售收入为5778亿元，比上年的4335亿元增加了1443亿元，增长33.29%；肉制品加工及副产品加工企业销售收入为3525亿元，比上年的2662亿元增加了863亿元，增长32.42%。此外，还有肉禽类罐头制造企业销售收入为191.8亿元，比上年的134.6亿元增加了57.2亿元，增长42.50%。

（4）利税增幅更加突出，经济效益进一步提高。2011年屠宰及肉类加工规模以上企业利润总额达到492亿元，比2010年的351亿元增加了141亿元，增长40.17%；税金及附加总额达到46亿元，比2010年的33.6亿元增加了12.4亿元，增长36.90%。其中，畜禽屠宰企业利润总额为303.6亿元，比上年的200.6亿元增加了103亿元，增长51.35%；税金及附加为29.47亿元，比上年的21.1亿元增加了8.37亿元，增长39.67%。肉制品加工及副产品加工企业利润总额为189.1亿元，比上年的150.8亿元增加38.3亿元，增长25.40%；税金及附加为16.7亿元，比上年的12.6亿元增加了4.1亿元，增长32.54%。

（5）肉类产业国际化步伐加快。目前，国内有条件的大型肉类企业大多实现了技术、装备、人才与资本的国际化，同时中国巨大的肉类产业也吸引了国际资本与技术的加速渗透。近年来，已有河南众品集团、江苏雨润集团等多家国内肉品企业在境外上市，充分利用国际和国内两种资源，开发国际和国内两个市场。同时，国外企业通过投资参股控股、成立合资公司等方式，涉足中国的肉类产业，例如，美国高盛公司参股控股中国的江苏雨润、河南双汇和山东金锣等肉类企业，意大利、美国、荷兰等国的肉品企业在中国组建合资公司，开发中国市场。

当前，肉类产业发展中存在的主要问题是：标准化规模养殖占畜禽生产总量不足 40%，农户散养的畜禽产量受市场价格波动影响很难稳定，肉类供应能力稳步提高的难度明显加大；规模以上肉类工业企业仅占全国企业总数的 20%左右，大约 80%的企业还处于小规模、作坊式、手工或半机械屠宰加工的落后状态，难以有效地保障肉品质量安全；企业技术更新改造能力不足，影响肉类品种结构调整，与城乡居民肉食消费需求不相适应；由于企业规模小、技术能力低，大量畜禽皮、毛、骨、血等资源未得到充分利用，影响了资源综合利用率和综合效益的提高。

3. 禽畜副产物综合利用现状

2013 年，我国畜禽生产总量达 8535 万吨，位居世界前列。在畜产加工过程中产生了大量的副产物，主要分为可食副产物、不可食副产物，约占动物活体的 35%，其中，骨占 23%～30%，动物骨是一种丰富的蛋白、脂肪及矿物质等（图 1.63），其营养成分甚至优于纯肉制品，以最常见的猪骨与猪肉各 100 克的营养成分作对比，猪骨中含蛋白质 32.4%，而猪肉为 16.7%；猪骨含铁 8.62 毫克，猪肉为 2.4 毫克，具有良好的应用前景（张长贵等，2006）。

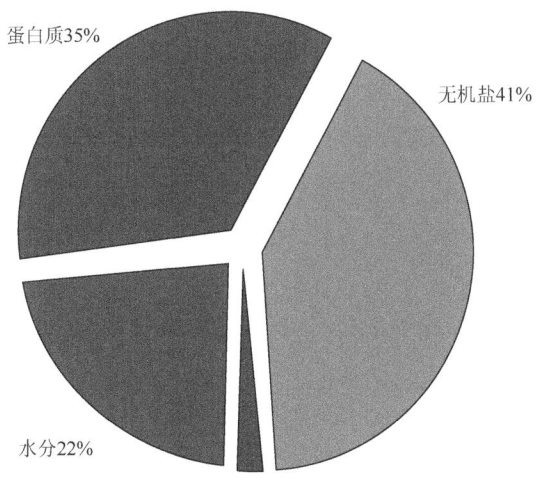

图 1.63 动物骨中成分组成图

畜禽血液是畜禽产品加工副产物的另一重要组成部分，畜禽血液营养丰富，全血一般含有20%左右的蛋白质，干燥血粉的蛋白质含量达80%以上，是全乳粉的3倍。从氨基酸组成来看，氨基酸组成平衡，血液蛋白质是一种优质蛋白质，其必需氨基酸总量高于全乳和全蛋，尤其是赖氨酸含量很高，接近9%，这对改善食物中总体蛋白均衡和营养均衡具有重要意义（张长贵等，2006）。

骨的加工利用主要包括骨粉、骨胶及明胶等。骨粉是人类补充矿物质尤其钙的极佳原料，骨粉的加工，以往都是直接把畜禽骨砸碎，研磨成生的骨粉，或先蒸煮粉碎研磨成熟骨粉。利用生物工程技术，则有效解决了钙的溶解性及生物利用率问题，增强了其食用的生理功能。粉碎后的畜禽骨骼经加工浓缩成胶冻状即骨胶。优质的骨胶称作明胶，医药上用明胶来制丸剂、胶囊，食品工业上用明胶来制肉冻、酱类及软糖等，明胶还可用作微生物的培养基及照相用明胶（张长贵等，2006）。

4. 肉制品加工设备

肉类工业"十二五"发展规划明确提出，积极发展屠宰和肉类加工装备制造业。在积极引进、消化、吸收国外先进设备和关键技术的同时，着力提高我国肉类加工业装备国产化率和整体发展水平，重点开发高效成套屠宰设备，大型真空斩拌机、真空滚揉机和真空定量灌肠机等肉类加工设备，冷鲜肉、中式传统肉制品、低温肉制品、功能性肉制品、发酵肉制品等肉制品加工设备，建设一批现代化示范生产线（农业部农产品加工业领导小组办公室，2006）。

近年来，我国肉类加工机械无论是质量还是性能都有很大的提升，而且价格便宜，国外采购肉类加工设备的客商越来越多，出口肉类机械的制造厂家也逐渐增多。目前全国有一定规模，有一定行业影响力的肉类机械制造企业已经达到60多家，许多原来依赖于进口的技术装备，如自动灌肠机、自动包装机、烟熏炉等已经实现了自主生产，并且很多产品出口到欧美和东南亚市场。所以，我国肉类加工和技术装备，正在逐步实现由进口为主向自主研发和自主生产转变。

5. 肉制品安全现状

肉类食品作为我国食品消费的一大主流，存在着肉类产量结构不合理，猪肉占有比例大，牛羊肉的产量明显不足、主要靠进口等数量安全问题，另外，牛羊肉的价格不断上涨，猪肉的价格不断波动，都影响肉类数量安全。

随着我国经济的发展和人民生活水平的提高，人们日益关注肉制品质量安全问题。20世纪80年代人们呼吁吃瘦猪肉，90年代呼吁吃"放心肉"，2000年以来，人们开始呼吁"安全肉"。肉类存在内源性污染，包括药物残留和污染环境下生长的动物产品，例如，为了预防传染病，治疗某种疾病而使用各种疫苗、抗生素等药物；为提高饲料利用率，向饲料中添加激素和非法添加物（瘦肉精、苏丹红）。这些物质在动物体内代谢时间长，残留量大，超过食品标准，给消费者带来危害。

肉类外源性污染，主要是家畜身体上沾有污泥、粪便，刀具不干净感染放血口，屠宰后的产品，在运输过程中，与不洁表面直接接触，运输车辆不干净，有的甚至不消毒，又无防尘设备，以上这些都极易造成肉品二次污染。猪肉批发市场及各农贸市场多是露天市场或是靠在马路旁，因空气中含有大量病原微生物及灰尘等有害物质，直接或间接造成肉品污染。

肉制品加工污染，主要是生产过程中受到微生物（如沙门氏菌、大肠杆菌 O157 和弧状菌）污染；过渡添加亚硝酸盐、食盐及多聚磷酸盐；肉制品接触来自于加工器具和食盐中的微量金属杂质如 Fe、Cu、Cr 等会引起氧化反应，使制品呈微绿色，引起食品安全隐患。

1.1.5 乳制品加工业发展现状

1. 乳制品原料与区域布局

1）奶类生产

2013 年，全国奶类产量为 3649.5 万吨、牛奶产量 3531.4 万吨、奶牛存栏 1441 万头，同比上年减少 5.8%、5.7%、3.5%（表 1.19）。从规模看，2013 年 100 头以上存栏比重为 41.1%，比 2008 年增长了 20 多个百分点。从产生看，2012 年平均为 5.5 吨，2013 年基本维持这一水准，比 2008 年增加 700 多千克（中华人民共和国农业部，2015）。

表 1.19　2008～2013 年我国奶类产量和奶牛存栏数

年份	奶类产量（万吨）	牛奶产量（万吨）	奶牛头数（万头）
2008	3781.5	3555.8	1233.5
2009	3734.6	3520.9	1260.3
2010	3748.0	3575.6	1420.1
2011	3810.7	3657.8	1440.2
2012	3875.4	3743.6	1493.9
2013	3649.5	3531.4	1441.0

数据来源：《中国奶业年鉴（2014）》

2013 年各省份牛奶产量及奶牛头数情况如表 1.20 所示，内蒙古、黑龙江、河北、河南、山东、陕西、新疆、辽宁、宁夏和山西奶类产量和牛奶产量位列全国前 10，总计 3021.6 万吨和 2918.7 万吨，分别占全国总量的 82.8%和 82.6%；内蒙古、黑龙江、河北、新疆、山东、河南、陕西、西藏、宁夏和山西奶牛头数位列全国前 10，总计 1173 万头，占全国总量的 81.4%。

表 1.20　2013 年各省份牛奶产量及奶牛头数情况

省份	奶类产量（万吨）	牛奶产量（万吨）	奶牛头数（万头）
北京	61.5	61.5	14.4
天津	68.5	68.2	15.1
河北	465.7	458.0	191.2
山西	87.2	86.2	32.1
内蒙古	778.6	767.3	229.2
辽宁	125.7	120.9	30.5
吉林	48.3	47.6	23.2
黑龙江	522.5	518.2	191.7
上海	26.5	26.5	5.8
江苏	59.9	59.9	20.4
浙江	18.2	18.2	5.2
安徽	25.3	25.3	11.1
福建	15.3	14.9	5.0
江西	12.2	12.2	7.5
山东	281.2	271.4	125.0
河南	328.8	316.4	100.7
湖北	15.8	15.4	6.3
湖南	8.9	8.9	14.4
广东	14.1	13.8	5.8
广西	9.6	9.6	4.7
海南	0.2	0.2	0.1
重庆	6.8	6.8	2.0
四川	71.1	70.6	19.4
贵州	5.5	5.5	4.0
云南	59.3	54.5	15.1
西藏	33.0	27.0	37.2
陕西	188.5	141.1	46.5
甘肃	39.1	38.5	29.4
青海	28.7	27.6	28.6
宁夏	104.2	104.2	34.1
新疆	139.2	135.0	185.3

数据来源：《中国奶业年鉴（2014）》

2）原料奶生产模式

当前，我国奶牛养殖模式有牧场养殖、奶牛小区养殖和农户散养。不同地区三种模式产量所占比例有所不同。相对于散户养殖模式，规模化、集约化及标准化养殖所面临的生鲜乳生产质量安全问题便于监管和控制，可较好地在源头上控制牛奶安全，将是未来发展的主要趋势。从原料乳质量来看，规模化养殖的水平要明显高于散养户和奶牛小区。

2. 乳制品加工与居民消费情况

1）乳品加工现状

据国家统计局统计，2013 年我国乳制品产量为 2698.03 万吨，同比上年增长 5.15%。其中，液态奶产量为 2335.97 万吨，同比上年增长 7.01%；干乳制品产量为 362.06 万吨，同比上年下降 9.2%，其中，奶粉产量为 158.88 万吨，同比增长 16.4%。

从加工企业数量来看，2013 年我国规模以上乳品企业有 658 家，比 2012 年增加 9 个。其中，亏损企业为 91 个，比 2012 年减少 23 个；亏损比例下降了 3.8%。2013 年规模以上乳品企业产品销售收入为 2831.59 亿元，比 2012 年增长了 14.16%；利润总额为 180.11 亿元，比 2012 年增长 12.70%。

从各省份来看，内蒙古、黑龙江、河北、山东、河南等 UHT 奶主产省液态奶增幅较小或负增长，而北京、江苏、浙江、福建、山东、四川、云南等巴氏奶主产省增幅较高。酸奶近几年一直处于增长之中，因此，估计 UHT 奶产量与上年持平或微幅增长，液态奶产量的增长主要来自巴氏奶和酸奶。

从产品来看，各乳品企业的新产品、高端产品发展取得了显著成绩，许多企业都推出了自己的新产品，如高端纯（鲜）奶、高品质的凝固型酸奶、保健功能的益生菌发酵乳、多种风味的鲜奶酪、含乳甜点等。这些产品受到市场的欢迎，附加值也较高，企业也因之获得了较好的经济效益。所以，当企业在普遍受到生产成本、销售成本快速提升的压力下，仍能维持经济效益不下降的经营业绩，新产品、高端产品的发展是一个重要因素。

2）乳品消费

据国家统计局统计，2011 年全国城镇居民人均乳制品（包括鲜乳、奶粉和酸奶）消费支出为 234.01 元，同比增长 17.9%。全国农村居民人均年乳制品消费量为 5.16 千克，同比增长 45.35%。

3. 乳制品加工副产物综合利用情况

乳制品副产物主要是牛奶生产奶酪过程中产生的乳清，产 1 千克干酪，大约将会产出 9 千克乳清，新鲜的乳清液含有 50% 以上的鲜奶营养成分，具有很高的营养价值。乳清蛋白的功能性成分为：β-乳球蛋白占 48%，α-乳白蛋白占 19%左右，牛乳血清白蛋白占 5%，免疫球蛋白占 8%（均为质量分数），还含有乳铁蛋白、乳过氧化酶、生长因子和许多生物活性因子及酶。这些物质均具有一定的生物活性（翟光超，2008）。β-乳球蛋白具备最佳的氨基酸比例，支链氨基酸含量极高，具有很强的与松香油和脂肪酸结合的结合段，能够对脂溶性营养素如维生素 A 和维生素 E 进行预结合。此外，β-乳球蛋白与一些糖类物质反应后具有一定的抗氧化特性。α-乳白蛋白也是必需氨基酸和支链氨基酸的极好来源，它是一种天然的乳清蛋白，也是唯一能与金属包括钙结合的乳清蛋白成分，在功能特性上与人乳都非常相似。牛奶中的免疫球蛋白与人乳免疫球蛋白有相同的特性，也具有抗人类疾病的活性，这些活性有对抗蛋白酶的水解作用，能够完整地进入近端小肠，起到保护小肠黏膜的防御功能。在乳清蛋白产品中，其质量浓度可高达 30～100 毫克/升。乳铁蛋白含量虽低，但生物活性高，具有抗细菌性、铁质转移、促进细胞生长、提高免疫力、抗氧化性、抑制游离基形成等特性。

目前，不同种类的乳清蛋白产品应用于食品、饲料、医药和化妆品工业中。制备运动营养强化剂提供给运动员，在剧烈运动和恢复期，可以把乳清蛋白摄入量提高到蛋白总摄入量的 50%，作为基础营养补充，每天摄入 20 克左右的乳清蛋白就可以充分地表现出它的益处。乳清蛋白最大用途应该是在冰淇淋的生产中，它作为廉价的蛋白质来源，也可用于替代脱脂乳粉降低产品的成本，赋予冰淇淋非常清新的乳香味。因为乳清蛋白中含有免疫球蛋白、乳球蛋白和牛血清白蛋白，故能提高老年人机体的免疫力，延长其寿命，乳清蛋白作为全天然的膳食添加剂，已成为成年人及老年人的健康食品。乳清蛋白膳食可引起许多组织内谷胱甘肽水平的升高。乳清蛋白摄入引起肿瘤细胞内谷胱甘肽合成的负反馈抑制，而产生抗肿瘤的有利影响。乳清蛋白可生产出一种可食用的膜，用于提高产品的稳定性、优化外观、改善口感及保护其风味和香味。乳清蛋白可食膜有良好的氧气和水分阻隔性能、良好的香味隔绝性和释放性能。例如，应用在以花生这类坚果为原料的食品中，可降低其哈败速度，使坚果在食品体系中仍能保持脆性。乳清蛋白中营养因子分布均衡，无论是内服还是外敷，对爱美的人来说作用都非常大。β-乳球蛋白对黑色素产生的抑制作用与提高细胞膜抗氧化性的能力，使其在化妆品领域也有潜在的应用前景（翟光超，2008）。

4. 乳制品加工设备

当前，全国与乳制品加工有关的设备生产企业总数超过 780 个，产品不下 300 种。一般而言，我国乳品预处理生产线所需的配套设备基本上都能生产，产品已经相对成熟。配料装置和杀菌设备也达到相当水平，有的已接近国外先进水平。但大型成套设备的技术经济指标与国外知名企业的产品相比，还有一定差距，某些关键技术和设备还需进口。特别是乳品无菌包装机械一直是企业发展的瓶颈，无论品种和性能都不能完全满足国内生产使用要求，与国外的差距较大。这种状况造成了我国乳制品生产企业对国外包装机械及包装材料的严重依赖。包装机械是国内乳制品加工企业投资比重最大的设备，有的甚至超过总投资一半以上。这既影响我国乳品生产的正常发展，也是乳制品成本居高不下的主要原因。

1) 包装设备

目前，国内进口液态奶包装机主要是用于 UHT 奶的多层复合无菌纸盒包装设备和屋顶巴氏奶包装设备，如利乐包、利乐枕、康美包、新鲜屋等，它们几乎被国外几家公司垄断。大部分企业主要使用利乐公司灌装生产线，利乐公司占据 70%以上的市场；部分企业使用康美公司包装设备，康美约占我国市场的 10%；国际纸业（IP）的屋顶盒包装设备也早已进入中国市场，近年来随着我国销售冷链的逐步完善，其市场份额也不断扩大。

一般的液态奶包装设备，即用于巴氏杀菌奶、乳饮料、酸奶、冰淇淋、奶油等的灌装设备，如立式塑料袋奶灌装机、回转式灌装机、直线式灌装机、多联杯(4/8/12) 成型、灌装、封切机等在国内均可生产，设备厂家超过 50 家，产品国产化率达到 90%以上，基本可以满足国内市场需求，而且还有一定数量出口。特别是液态奶塑料袋无菌灌装机、酸奶联杯灌装机、复合纸质无菌包装机，对打破国外公司对设备及包材的垄断发挥了重要作用，如山东泉林、杭州中亚。

2) 杀菌及除菌设备

杀菌机是乳品生产加工的关键设备，它直接关系成品的质量。国内杀菌机的生产厂家比较多，据不完全统计已超过 50 家。产品已由过去的只能生产板式杀菌机组、盘管式杀菌机，而扩大到可以生产列管式的系列产品，相关自控配套也逐渐完备，但自控水平和换热效率与国外相比仍然有较大差距。

膜技术已在国外发达国家得到广泛应用，可以用于原料奶的微滤除菌，其除菌率可达 99.97%，可显著降低原料奶中微生物及体细胞数，减少其释放的难以灭活的耐热蛋白酶和脂肪酶含量，从而，既可降低杀菌温度与时间且有效延长产品货架期（即长货架期巴氏消毒奶 ESL 奶），又可降低酶活而保证产品的新鲜品质和纯正风味。

3) 浓缩、干燥设备

奶粉生产线的前处理与液态奶基本相同，而其后续的浓缩、干燥设备则是奶粉生产的关键设备，它们的技术水平反映出一个国家奶粉产业的先进程度。我国先后从瑞典、丹麦引进了几套当时较为先进的浓缩干燥设备，通过消化吸收，设计制造出了适合自己生产现状的三效、甚至多效蒸发器和压力喷雾塔，并在众多企业投入使用，但这些设备在技术上已趋落后。目前，发达国家已经制造出体积更小、能耗更低的新型产品，如板式蒸发器、多喷头喷雾干燥器，在集成控制及热能回收上拥有其独特技术，如机械蒸汽再压缩式蒸发器、热力式蒸汽再压缩蒸发器（膜浓缩和分离技术设备）等，具有显著的节能降耗功能，使奶粉生产技术上升到了一个新水平。近年来，我国奶粉设备制造企业紧跟世界发展趋势，也开发出了一些新产品，如上排风压力干燥塔（上排风喷雾干燥塔技术以前一直是外国公司垄断），但与国际先进水平还有较大差距。

5. 乳制品安全

2013年，全球总奶量约为7.8亿吨，人年均占奶量约为109.6千克，中国总奶量为3649.5万吨，人年均占奶量仅为27.2千克，只有全球水平的24.8%，距离全球平均水平仍有较大差距，供给量仍然不足。目前，我国原奶生产和乳品工业的高速增长是在原有低水平基础上的增长，但随着居民收入水平的提高，牛奶已从昔日的奢侈品变成普通的营养品，未来5年内，乳品消费和生产需求的总量将不断增加，未来市场的增长点将会集中在高端白奶和婴幼儿奶粉这两大类别上。

原料乳的质量安全状况直接决定了产品的质量安全状况，在历次乳业风波中能独善其身、严把质量管理关的乳品企业都高度重视奶源基地的建设。但是牛乳中一些过敏原和抗生素残留仍然是影响乳制品安全的重要因素，婴儿及儿童的牛乳过敏发生率为2%～6%，成人的发生率则较小，为0.1%～0.5%。绝大多数的牛乳蛋白都具有潜在的致敏性，但目前普遍认为酪蛋白、β-乳球蛋白（β-LG）及α-乳白蛋白（α-LA）是主要的过敏原，而牛血清白蛋白（BSA）、免疫球蛋白（LGS）及乳铁蛋白（Lf）是次要过敏原。

乳品外源性污染，来源于牛体本身，奶牛的皮肤、被毛黏附着一些粪屑、垫草、泥土等污物，含有大量微生物的污物极易落入鲜奶中，造成严重的污染；挤奶工具如果事先不进行清洗消毒或者清洗消毒不彻底，会被耐热链球菌和杆菌污染；挤奶员若患有传染病、痢疾、化脓性炎症或其他一些疾病，不注意个人卫生，随地吐痰，手、工作服不洁净，也会把微生物带入鲜奶中；挤奶和收奶过程中，鲜奶常暴露于外界空气中，受挤奶环境中微生物污染的机会较多。在运输过程中，温度的变化会引起微生物繁殖，造成乳品污染。

乳制品加工污染。酸奶加工过程中，发酵剂的优劣与产品质量好坏有极为密切的关系。发酵剂在制备过程中不注意保持无菌状态易感染细菌，使酸奶表面生霉、产气。噬菌体的存在对酸奶生产是致命的。生产环境卫生条件不能达到，设备存在清洗的死角，对酸奶造成二次污染。婴幼儿奶粉是卫生要求最为严格的乳制品，不仅对奶粉中营养成分有严格的配比控制，对食品添加剂、卫生指标及加工工艺过程都要进行控制。原料奶不能含有药物和抗生素残留，包装材料使用无苯油墨和醇溶性油墨。但是，我国发生过用淀粉和蔗糖全部或部分代替乳粉，再用香精调香调味，制造劣质奶粉的恶性事件。

1.2 发达国家主要农产品加工业发展与现状分析

1.2.1 发达国家农产品加工业总体特征

1. 产业经营的水平越来越高

发达国家已实现了食品产、加、销一体化经营，具有生产基地化、加工品种专用化、质量体系标准化、生产管理科学化、加工技术先进化及大公司规模化、网络化、信息化经营等特点，产生了像瑞士雀巢、美国菲利普-英里斯和英国荷兰联合利华等跨国公司。

2. 农业经营企业化

在农业现代化发展过程中，企业作为产业的细胞和载体，在农业一体化经营中起着最基础的作用。例如，美国绝大多数农户就是企业，农户的主人就是农场主，或叫农业企业家。美国农业产业体系的模式"企业+企业+企业"，即由一系列的企业组成，这些企业从事不同的经营环节。美国农业企业（农场）大致可分为只经营种植业或养殖业单一品种的专业型和经营多品种或种、养结合的混合型两大类，以专业型为主的占95%以上。美国不仅完成了农业企业化，而且实现了农业企业的专业化。

荷兰赛贝科贸易联合集团，以合作社的形式集中了全国11.3万个农业企业中的一半以上，拥有近90个有限责任公司，其中有一个公司专门加工马铃薯薯条、薯片，年加工能力达100万吨，是目前欧洲同类企业中最大的。正是由于实现了农业企业化经营，国土面积比黑龙江垦区要少1.4万平方千米的荷兰，其农牧产品及食品在国际贸易上的顺差达到150亿美元，成为世界上最大的鲜花、奶制品、马铃薯和新鲜加工蔬菜出口国之一，名列世界农产品出口大国的第3位。

3. 加工技术与设备高新化

近年来，瞬间高温杀菌技术、真空浓缩技术、微胶囊技术、高效浓缩发酵技术、膜分离技术、微波技术、真空冷冻干燥技术、无菌储存与包装技术、超高压技术、超微粉碎技术、超临界流体萃取技术、膨化与挤压技术、基因工程技术及相关设备等已在农产品加工领域得到普遍应用。

4. 资源利用综合化

发达国家农产品加工企业都是从环保和经济效益两个角度对加工原料进行综合利用，把农产品转化成高附加值的产品。

5. 产品质量标准体系更完善

发达国家农产品加工企业大都有科学的产品表征体系和质量保证体系，多采用 GMP（良好生产操作规程）进行厂房、车间设计，对管理人员和操作人员进行 HACCP 规范及 ISO（国际标准化组织）9000 系列规范的培训，国际上对食品的卫生与安全问题越来越重视，世界卫生组织（World Health Organization，WHO）、FAO 和各国都为食品的营养、卫生等制定了严格的标准。

以粮油加工业为例，主要经济发达国家根据这些年来粮食供需状况，粮油加工转化日益呈现出如下特点：随着人们生活节奏的不断加快，快餐方便食品越来越受欢迎；对粮油加工的品质要求越来越高，而且向专用化、绿色化和优质化的方向发展；随着人们生活不断多样化的变化，需求变得多品种、小批量，这就要求粮油加工不只是一次加工（米、面、油加工）而是向深加工和综合利用方向发展，以适应市场及人们生活质量的变化；计算机管理技术、信息技术、生物技术等先进技术在粮油加工企业中推广应用。

1.2.2 发达国家粮油加工业发展现状

美国、日本、加拿大、澳大利亚和欧洲联盟（简称欧盟）等发达国家和地区，十分重视稻米和小麦品种、安全性、营养性和食用品质的基础研究和新技术的研发。在研究开发稻米、小麦专用和优质品种、新工艺和新设备，以确保稻米、小麦加工产品的安全、营养和美味方面，保持着世界领先地位。在专用品质资源方面，发达国家十分重视农产品加工专用品种的选育和推广，实现了原料品种高度专用化。这些专用品种除具有高产、多抗、优质等特性外，还重点把适合不同用途、不同加工需要的品种确定为优先发展目标。例如，美国玉米按用途不同分为高淀粉型、高蛋白型、食用型等品种；美国、荷兰、日本根据加工需要将土豆分为油炸型、淀粉型、全粉型和药用型等专用品种；日本和韩国根据不同加工产品对面筋强度的要求，将小麦粉分为强力粉、准强力粉、中力粉和薄力粉。

在粮油产地初加工方面，美国每个花生农民都配备了运输干燥车，是一个下底可以通风的大型拖车，一车可容 7000～8000 磅[①]。收获后在田间直接倒入干燥车，装满后用农用汽车和拖拉机拖至烘干棚，一个烘干棚一般可容纳 8～10 辆干燥车，把加热鼓风装置的管子分别接到各车上，就可同时进行烘干，一般需 2～3 天，干燥完成后，用汽车直接拖去出售或低温储藏。英国大部分农场拥有自己的

---

① 1 磅=0.453592 千克

烘干、仓储设施（图1.64）。以小麦为例，在其收割完毕后，操作人员首先通过阳光照射或使用烘干设施等进行干燥处理，使含水量降至15%左右，然后用大型卡车将小麦批量运至仓库。德国投资的粮农组织项目在阿富汗实施，此项目向近18000个家庭提供了金属存储仓。这些存储仓使收获后粮食损失由15%~20%下降为不到1%~2%。此外，向当地铁匠提供的技术培训意味着4500个存储仓将在当地自主生产并出售给其他农户。45000多个存储仓已经在16个国家安装使用，1500多位专业人员和技术员已经通过了培训，可以独立进行制作。联合国粮食及农业组织设立了专项资金和贷款来满足这一需求。巴西农田收获的粮食用40吨的集装箱卡车（图1.65）送至该收储公司处理大型田间粮食（包括大豆、玉米、稻谷）收购、清杂、干燥、储存、中转公司（日处理能力2000吨）（刘丽等，2011）。

图1.64 英国粮食产地初加工装备

图1.65 巴西粮食产地初加工装备

在粮油深加工与副产物综合利用方面，美国、日本等发达国家注重提高粮食资源的综合利用率和对粮食资源的全利用技术，图1.66为日本佐竹公司谷物工程系统。西方发达国家针对小麦烘焙食品品质特点，着重对面团形成过程中面团和蛋白质的流变学特性进行研究，建立了一整套品质评价体系和检验方法，并不断开发相关仪器设备。日本对稻米质量品质进行了系统研究，形成了从田间到餐桌的稻谷质量评价体系；对米饭食味和产香物质的研究较为深入，研制开发了米饭食味计、米粒食味计等专用仪器。日本对稻谷储藏品质评价技术和陈化机理、西方国家对杜伦麦储藏品质变化规律等都进行了较为系统的研究。

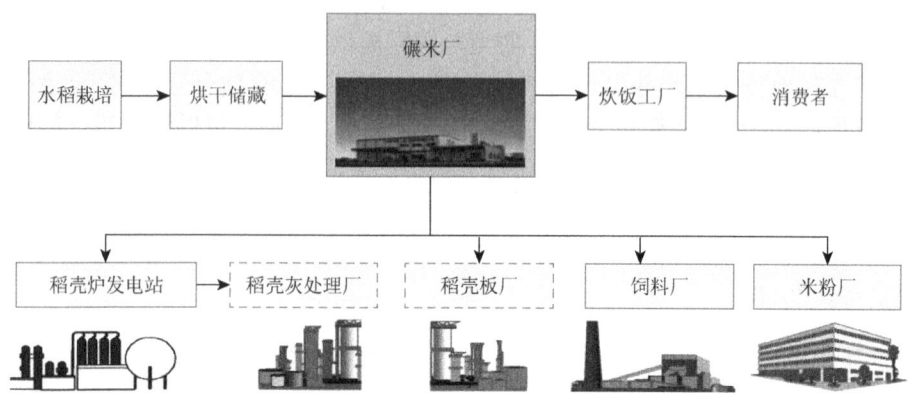

图 1.66　佐竹公司谷物工程系统

国外发达国家的粮油加工装备已经达到很高的技术水平，主要体现在：首先，产品品种齐全，生产线配套性好，单机生产能力高，产品质量可靠，自动化程度高。例如，采用机、光、液和气等技术，并结合微机控制和自动检测技术，使设备实现连续化生产，并大幅提高了设备的自动化程度。其次，广泛采用高新技术，如在粮油加工中广泛应用生物技术、新材料基础科学技术等，自动控制技术、数字化和智能化技术等已部分应用于粮油加工装备中，特别是 20 世纪 80 年代兴起的以信息技术、电子技术为标志的新技术浪潮，对粮油加工装备的发展起到了极大的促进作用，高新技术不断被应用到粮油加工装备中，并正在向信息化、大型化、成套化、智能化、集成化和自动化等方向发展（王中营等，2012）。

目前，世界先进的粮食加工装备制造业主要集中在欧洲、日本和美国，最著名的四家粮食机械制造企业分别是瑞士布勒（以生产小麦加工装备为主）、日本佐竹（以生产稻谷加工装备为主）、意大利 OCRIM 和 GBS 公司（以生产小麦加工和粮食港口装备为主），几乎垄断着世界粮食加工大型成套装备市场（王明旭等，2013）。国外大型粮油加工厂均拥有计算机中央控制室，实现了粮油加工各环节的自动调节和控制。例如，瑞士布勒公司的小麦制粉设备广泛应用智能化传感器和计算机管理系统，故障率低，劳动生产率高；日本佐竹公司开发并普遍使用的陶瓷辊碾米机耐磨性强、大米色选机能将成品大米中异色米粒和杂质自动剔出，采用的软抛光工艺，使米粒具有永久性的蜡质光泽。美国 Wenger 公司、瑞士 Buler 公司的谷物膨化休闲食品、再造营养米的设备已经成套化、系列化、规模化，并实现智能型自动化控制。在传统主食（米饭）工业化生产装备方面，日本已开发出了可用于大规模工厂化生产的连续蒸汽式蒸饭系统,既节约了人力资源,又提高了产品的质量。德国近年成功开发了 Multicracker 脱皮机,可根据大豆品质和颗粒大小,调整分类间距和圆辊转速,将豆粒压碎成整粒或破碎半粒,对豆粒破坏可降至最低,几乎没细粒/粉末出现,再结合流化床技术,即可有效地实现大豆脱皮(金青哲等,2011)。

1.2.3 发达国家果蔬加工业发展现状

(1)在整体发展情况方面。世界范围内,冷冻浓缩橙汁(65°Bx)和浓缩苹果汁(70°Bx)市场需求量增长较快,过去 12 年间全球橙汁生产量增加了 5000 万吨(单杨,2010);果蔬罐头占世界各类罐头食品总产量的 50%以上,年出口量在 1000 万吨以上,贸易总额约 120 亿美元;脱水果蔬的消费量持续增加,特别是冻干食品的消费增长快,如美国每年消费冻干食品 500 万吨,日本 160 万吨,法国 150 万吨,日本、美国及欧洲等地每年仅冻干大蒜粉的需求就达 6000 吨;冷冻食品消费也以每年 30%的速度递增。近年来鲜切果蔬和果蔬粉的消费量也不断增加,在美国鲜切果蔬的消费量已占果蔬产品总量的 10%左右。

(2)在专用品质方面。发达国家在发展加工专用优质品种方面也给予了高度重视,其高档果蔬比例高达 85%以上,70%以上为加工用品种(金山和伍小红,2011);西班牙为了满足柑橘罐头生产需求,建立了罐头专用柑橘的生产基地;澳大利亚则建立了罐头专用桃子的生产基地。

(3)在采后损失方面。美国等发达国家的果蔬采后损失率低于 5%,果蔬加工转化能力达总产量的 40%左右。发达国家果蔬采后商品化处理率达 80%以上,预切菜和净菜量占 70%以上,水果总储量占总产量的 50%左右,苹果、甜橙、香蕉等水果已实现周年储运,销往世界各地。现代果蔬采后保鲜处理和商品化处理技术、"冷链"技术、现代果蔬加工技术等已广泛应用于该产业,并建立了完善的产业技术管理体系,果蔬经产后商品化处理和深加工可增值 2~3 倍(葛毅强等,2005)。荷兰是马铃薯生产和出口大国,储藏保鲜成为采后加工必不可少的重要环节。荷兰的马铃薯仓库(图 1.67)建设由专业施工集团承接,采用客户协商合同

图 1.67 马铃薯储藏

制和许可证制进行保质储藏。仓库的大小、温度、湿度和通风等技术要求都根据不同农产品和不同的客户需求进行量身定制。

（4）在行业规模方面。国外果蔬加工生产集中度高，生产能力与生产规模很大。例如，美国的 Del Monte 公司是一家以果蔬罐头产品加工为主的食品公司，在北美设有 17 家工厂和 18 家销售中心，在美国每 10 个家庭就有 8 个家庭享受该公司的产品；世界橙汁的加工主要由五大企业完成，这五大加工企业的榨汁量占世界总量的 96.5%，其中，巴西的 Louis Dreyfus Citrus（简称 LD Citrus）是 Louis Dreyfus Group 集团的子公司，其橙汁产量约占世界产量的 11%。

（5）在加工设备方面。发达国家研发的一体化、密闭化、智能化、高效化的成套果蔬商品化处理和加工设备，极大地提升了果蔬加工业的装备水平，更有效地保证了产品的质量与安全。国外已开发出高射流的水刀用于果蔬鲜切加工。意大利研制成功了果实色泽、重量分级机并应用于商业化生产；美国俄勒冈州的 Alle Electronics 公司生产的果蔬分选机能识别以每分钟约 177 米的速度在传送带上移动的产品上仅 1 毫米大小的变色部分和缺陷部分。美国 FMC 公司的柑橘汁与番茄酱加工设备，英国 APV 公司的均质机和膜过滤设备，德国 GEA 公司的蒸发器和卧螺机，AMOS 公司的超滤设备，丹麦阿特拉斯的 RAY 型间歇式和 CONRAD 型连续式冻干机等，都体现了世界该领域的先进装备水平。

（6）在副产物利用方面。国外果蔬加工企业综合利用程度高，实现资源的可持续利用，达到清洁生产，对原料进行"全果利用"，对加工中产生的副产物进行了深度的开发和利用，如美国、日本等公司已相继生产出以番茄红素为主要活性成分的药品，并将番茄皮渣作为微生物培养基中氮源和碳源的良好来源，生产微生物、发酵饲料、漆酶、木聚糖酶、多聚半乳糖醛酸酶等各种生化产品；在巴西利用冷冻浓缩橙汁加工产生的皮渣，开发精油、菇烯、水相香精、油相香精等产品，几乎是"吃干榨尽"，做到生产过程"零排放"，不仅充分利用了原材料，提高了产品的附加值，而且减少了皮渣对环境的污染。法国、意大利、美国、西班牙等葡萄酒生产大国，其 70%以上的葡萄皮渣都得到很好的利用，生产酒石酸和原花色素（陈江萍，2005）。

1.2.4 发达国家肉制品加工业发展现状

发达国家肉制品发展迅猛，中高档畜产品、适于超市销售、预包装的加工制成品及即食畜产品需求量明显上升；具有民族特色的畜产品占有越来越大的市场份额；食用安全、方便的发酵乳、干酪和乳饮料的消费量持续增加，液态乳和鲜乳产品消费保持平稳，而传统的乳粉和炼乳的消费量呈下降趋势。

从产业规模来看，发达国家肉制品加工企业规模大，生产量高，其乳品企业日产一般在 1000 吨以上，个别可达 3000 吨/天。丹麦的 MD FOODS 公司下属的 39 个加工厂，生产丹麦 72%的乳制品，该国 DAKA 公司所辖的 8 个基地，日处理畜禽副产品原料 3000 吨以上；美国排名前十家的肉类屠宰加工企业的屠宰量占全国屠宰量的 80%，其中前四家就占到全国屠宰量的 50%以上（农业部农产品加工业领导小组办公室，2006）。

为实现肉制品加工中清洁化生产要求，发达国家加强对肉制品副产物的利用，使资源利用高效化。例如，美国、日本等已利用畜禽动物的骨头，制成了新型的美味食品——骨糊肉和骨味系列食品，包括骨松、骨味素、骨味汁、骨味肉等，并开发出以骨粉为原料的产品，如补钙肽糜、骨粉方便面、高钙面条等；以骨脂为原料加工成肥皂、香皂、日用化妆品和食品添加剂等；以骨胶为原料在医药上用来制丸剂、胶囊，在食品上用来制肉冻、酱类及软糖等，还可作微生物的培养基及照相用，以及制造膏药、复写纸、木器黏合剂等。比利时、荷兰等将禽血掺入红肠制品；日本已利用禽血液加工生产血香肠、血饼干、血罐头等休闲保健食品；法国则利用动物血液制成新的食品微量元素添加剂（王学平，2008）。

肉制品加工装备方面。德国、奥地利、荷兰等发达国家在肉类精深加工设备方面的技术水平和设备的总体水平上处于领先地位。国外肉类精深加工技术的研究正向多品种、自动化的方向发展。从生产水平上来看，欧美制造商在研发水平、产品更新换代、新技术应用等方面是我国肉类加工机械制造企业所不及的，其生产的肉类机械设备在设计、制造等方面多年领先，胴体在线自动分级系统、计算机图像识别技术、微生物预报技术等得到了广泛的应用；三点式低压麻电、卧式真空采血、立式蒸汽烫毛、自动剥皮、气体火焰瞬间二次灭菌、胴体即时冷却降温、排酸成熟、同步检验、速冻、冷藏等工艺技术及装备已比较普及。肉制品生产基本采用自动化流水线操作和计算机控制，部分关键工艺如烟熏、烘烤、蒸煮等可在单一设备中依次完成。畜禽副产品的综合利用新技术、新工艺实现了高效、节能、低耗、自动化、低污染或无污染的清洁生产要求（农业部农产品加工业领导小组办公室，2006）。

发达国家对肉和肉制品质量安全高度关注，早在 2000 年 1 月美国联邦法律规定：所有肉类生产工厂都需要使用危害分析与关键控制点（HACCP）系统，以确保食品安全。HACCP 的系统中，确定和控制可能会发生的过程中的污染，有效地降低了在制造过程中可能会发生的伤害。在同一时间，采取措施减少病原体，以避免受到污染的产品被发送到销售市场。欧盟对于肉制品安全监管异常严格，2002 年修订了《食品法总则》，该总则涵盖了饲料生产和配送、食品生产、加工和再加工、仓储、运输、分销和终端销售等所有环节，即包含"从农场到餐桌"的完整链条，实行现代兽医（预防兽医、保健兽医）体制和机制，全过程监控动物饲料、屠宰加工、市场流通和出入境检疫，注重实施动物福利，保证肉制品质量。

1.2.5 发达国家乳制品加工业发展现状

发达国家乳品加工业已经发展得很成熟,产业组织模式大多是寡头型模型,即国内存在少数的几家大型的乳品加工企业占据着国内绝大多数的市场份额,同时国内仍然存在着相当数量的小型乳品加工企业,这些小型乳品加工企业或依附大型企业或独立生存和发展。例如,澳大利亚的三大乳制品公司莫雷高本(Murray Glulburn)、保拉克食品(Bonlac Foods)和乳制品农场主集团(Dairy Farmers Group)占据着国内牛奶收购量和牛奶加工的 60%~70%;新西兰最大企业恒天然集团,由占全国 90%的奶农共同拥有;芬兰国内瓦里奥公司的加工量占全国的 77%;日本三家乳业巨头各自瓜分国内 30%左右的市场;欧盟有的乳业巨头在一个国家的乳业市场中的份额高达 80%。

国外非常重视对乳制品副产物乳清的研究利用。俄罗斯将乳清用作肾、胆囊、胰脏患者的规定医疗食品,还可代替醋酸用于婴儿食品、烘焙食品、罐头、糖果肉类、软饮料及白酒中;澳大利亚将乳清加工成果汁饮料;日本是先用酸性蛋白酶制取透明乳清,然后再加入甜味料和着色剂等物质,制成充气饮料;美国则先将乳清制成糖浆,再与浓葡萄汁配制成"葡萄酒",其风味相当于标准葡萄酒;挪威、瑞士等国将乳清制成乳膏喂养牲畜。

乳制品加工装备方面。膜技术作为先进技术已在国外得到了较广泛的应用推广,其可用于原料奶的微滤除菌,其除菌率在 99.97%,可显著降低原料奶中的微生物数量,减少其释放的难以灭活的耐热性的蛋白酶和脂肪酶含量,既可以较好地降低杀菌温度和时间,又能降低酶的活性,从而较好地保持新鲜乳品的风味。国外 APV 公司已开发出用于原料奶生产中除菌净化的碟片式除菌净乳机,可以除去 95%的细菌。液态奶包装主要包括用于超高温灭菌奶包装的利乐包和康美盒、超高温瞬时灭菌奶包装的利乐枕,以及无菌复合膜制成的百利包等塑料袋。发达国家掌握着液体奶包装的核心技术及相关的知识产权。

国外高度重视乳制品质量问题,美国的原料乳标准把牛奶分为三级:凡是符合饮用鲜奶卫生和质量标准的被列为美国农业部颁布标准 A 级;凡是低于该标准,但能用来加工乳酪、冰淇淋、酸奶等软性乳制品的为 B 级;其他用来加工干酪、黄油和脱脂奶粉的为 C 级。美国原料乳供应量的大约 85%为 A 级牛奶。美国注重对乳制品检测标准进行及时修订,扩大乳制品检测范围,允许使用统一的检测标准对乳制品进行测试。日本则进行严格的质量检测体系,贯穿原奶生产、原奶储藏、原奶运输和加工过程到消费者的每个环节。原奶是质量的根本,所以在生产和运输过程中,必须经过 2 次强制质量检查,一次是在牧场原奶送达原奶储藏罐时；另一次是在工厂收奶前。值得注意的是，原奶质量的检查测试，除了感官、理化、卫生、微生物等，政府的条令更加入了抗生素残留的检测项目。

1.2.6 典型国家的农产品加工业特征

1. 美国

美国农产品加工业持续发展的一个主要原因是，随着农业生产力和产业集中度的提高，生产了大量质优价廉的加工原料，为加工业发展打下了良好的基础。通过不断提高农业现代化发展水平，积极改进生产技术和品种结构，确保稳定优质的农产品加工原料资源。

美国是当今世界上最大的粮油生产国之一，同时又特别重视粮油精深加工，自 20 世纪 80 年代以来，不断改进其发展模式，研制开发新产品、新技术。特别是玉米、大豆的精深加工是美国的主要加工项目。美国农业十分重视产后环节投资。据统计，美国农业全部投入产前田间费用仅占 30%，而用于产后环节的资金占 70%，从而保证实现农产品的高附加值。

美国作为世界第一玉米大国，每年玉米产量在 2.3 亿～2.5 亿吨。玉米除主要用作饲料外，还用作工业加工。玉米深加工的量随着国民经济的发展在逐渐增加。在过去的 20 多年间，淀粉糖（高果糖浆）是支持美国玉米发展的主要产品；今后一段时期玉米生产燃料乙醇成为玉米的另一个大的消费领域。

美国每年收获的玉米大约有 5%用于湿法加工淀粉、玉米糖和玉米油；3.5%用于干法加工玉米粉、玉米油和玉米食品；1%的玉米采用发酵工艺酿造酒精和酒精饮料；美国利用玉米生产燃料乙醇的需求量 2007～2008 年度约 36.2 亿蒲式耳①，2009～2010 年度约 74.6 亿蒲式耳。美国玉米淀粉产品中工业淀粉占 50%以上，工业淀粉主要是各种变性淀粉和淀粉衍生物，一般采用湿法加工，生产加工的品种约 50 多个，其用途达 100 多种，其中主要用于造纸、纺织、印刷、医药、建材、橡胶、钻井泥浆、铸造、选矿、电池、油漆等，另外，掺入 40%的工业淀粉可制成环保的生物降解农用薄膜。利用玉米原料可以加工玉米糖浆（葡萄糖浆）、玉米糖（葡萄糖）及高果糖浆。玉米制糖在转化方面生成的产品有酸法糖浆、酶法糖浆、液体糖、无水和含水结晶葡萄糖、42%和 55%的高果糖浆等品种。

将玉米淀粉和制糖联合加工生产，其工艺流程衔接较为合理，经济效益较高，并且减少物流环节，降低成本。以淀粉和葡萄糖为原料进行深加工可以生产 50 多种产品。在美国，玉米深加工产品达到了 300 多种，以初加工产品和副产品作为基础原料进一步加工，应用在食品、化工、发酵、医药、纺织、造纸等工业中

---

① 1 蒲式耳=35.239 升

的产品已达到 3500 多种。

美国是世界上最大的大豆生产国和出口国。大豆加工也居重要地位,将大豆初加工成豆油和豆粕以后,其价值增值 81%～82%。将毛油脱脂、脱蜡、脱臭等工艺制成食用油,进一步加工成为色拉油、烹饪油、人造黄油、调味酱汁等。脱脂豆粕蛋白含量高达 44%～49%,用做养殖业饲用蛋白原料。食用大豆蛋白主要有三种产品,分别是大豆蛋白粉、大豆浓缩蛋白、大豆分离蛋白。全脂和脱脂豆粉(含蛋白质 40%～50%)主要用于烤制食品,将脱脂豆粉和奶酪、乳浆混合可以代替脱脂牛奶,用于烤制食品。另外,大豆还可用于早餐食品、减肥食品、婴儿食品等。浓缩大豆含蛋白质 70%,制成人造肉类,如香肠、肉片等。分离大豆蛋白含蛋白质 90%以上,用于各种肉制品中的束缚剂、人造奶油制品等。

案例 1:美国玉米深加工情况

美国的玉米等农作物的梯度增值开发非常成功,以玉米为原料的深加工产品达数千种。美国玉米用于深加工的比例逐年上升,总玉米消耗量中用于深加工的比例从 2007 年的 34.7%上升到 2011 年的 50.1%(表 1.21)。

表 1.21 美国玉米利用情况(2007～2011 年)

年份	深加工 数量(万吨)	深加工 比重(%)	种子 数量(万吨)	种子 比重(%)	饲料加工 数量(万吨)	饲料加工 比重(%)	出口 数量(万吨)	出口 比重(%)	总消耗量(万吨)
2007	11227	34.7	55	0.17	14880	45.9	6190	19.1	32353
2008	12708	41.5	56	0.18	13163	42.9	4697	15.3	30623
2009	15086	45.5	57	0.17	13018	39.2	5029	15.2	33189
2010	16274	48.3	58	0.17	12701	37.7	4661	13.8	33694
2011	16224	50.1	60	0.18	11938	36.8	4191	12.9	32412

数据来源:《世界农业》2012 年第 10 期

案例 2:我国与美国马铃薯产业深加工产品出口对比

以美国的马铃薯产品出口来看,出口产品占比最重的产品依次为冷冻薯条、冷藏薯、薯片、罐头、雪花粉或颗粒粉、脱水产品,占比最少的为淀粉和鲜薯。2011 年美国马铃薯产品总出口量为 $1245.8×10^6$ 美元,其中,加工品合计 $1079×10^6$ 美元,占总出口量的 86.6%(表 1.22)。2011 年中国向世界出口的马铃薯总值为 2.093 亿美元,其中,鲜薯约为 1.7 亿美元,全粉约为 546 万美元,淀粉约为 824 万美元,冷冻产品约为 2560 万美元。其中,加工产品总计 3930 万美元,仅占马铃薯出口产品总量的 18.7%(表 1.23)。

表 1.22 美国马铃薯产品出口情况（2006～2010 年） （单位：10^6美元）

产品	2006 年	2007 年	2008 年	2009 年	2010 年
鲜薯	5.6	5.9	6.7	11.7	10.3
鲜薯或冷藏薯	128.6	124.2	155.1	137.0	155.6
加工品合计	608.1	912.1	1025.6	1020.5	1079.9
冷冻薯条	466.5	548.8	642.5	635.4	691.8
其他冷冻产品	37.4	48.4	61.0	70.6	83.9
薯片	179.8	171.7	189.9	166.8	138.7
脱水产品	10.0	18.0	16.1	24.0	20.2
雪花粉/颗粒粉	68.6	82.7	66.2	64.3	73.0
罐头	44.4	39.7	45.6	54.8	87.1
淀粉	1.5	2.8	4.3	4.7	5.3
出口合计	**1550.5**	**1954.3**	**2213.0**	**2189.8**	**2345.8**
进口国 日本	251.8	270.1	302.0	339.8	342.2
进口国 加拿大	222.9	239.5	281.7	279.4	304.8
进口国 墨西哥	175.6	152.3	151.9	117.9	136.0

数据来源：《世界农业》2012 年第 8 期

表 1.23 中国马铃薯产品对世界与东盟出口情况

产品	进口国	2000 年 数量（千克）	2000 年 金额（美元）	2005 年 数量（千克）	2005 年 金额（美元）	2011 年 数量（千克）	2011 年 金额（美元）
鲜薯	世界	42384396	4897885	244566160	45478945	375276205	171435275
鲜薯	东盟	27553655	2972406	151712780	32254793	254466018	131692991
全粉	世界	321578	203782	1560534	1515697	3113362	5463032
全粉	东盟	10975	6859	392145	315198	504024	909730
淀粉	世界	3380500	1742956	8873857	4548155	6046802	8241335
淀粉	东盟	140550	48830	230000	131351	1009100	1504770
冷冻	世界	—	—	—	—	18048156	25603506
冷冻	东盟					1979704	2249763
东盟进口合计		27705180	3028095	152334925	32701342	258048846	136357254
东盟占世界比重（%）		—	44	—	63	—	65

数据来源：《世界农业》2012 年第 12 期

2. 日本

日本农业受制于耕地，而农产品加工业却有了较大的发展，日本的食品工业仅次于物流及电器制造行业。随着日本人饮食生活和饮食文化的变化，农产品加工业在国民经济中的地位越来越重要，食品加工就业人员占 12% 左右。日本稻米加工已实现专业化，根据稻谷的加工适应性，加工成主食大米、营养强化米、发酵用米、酿酒用米、发芽米、留胚米等。对米糠综合利用，开发功能性食品和保健食品。日本政府从民族自立的高度，重视大米消费，大力宣传食用大米及其加工食品。日本已开发大米产品 300 多种，其中食品类就有 120 种，产品包括方便食品、调味品、营养品及化妆品等。日本在粮食优质化、专用化方面做了很大努力，并取得了很大的成绩，农林水产部专门在粮食厅设立了质量管理室，负责粮食食品的检测和指导工作，日本有关研究机构和粮食加工企业、经销企业，根据消费需求，通过对气味、营养、色泽等因素的分析，提出粮食的需求方向，从而促进了优质化、专用化粮食品种的研究开发和推广。

案例 1：日本的米饭工业化现状

（1）干态方便米饭：热水 15 分钟、冷水泡 1 小时即可食用。储藏期为 5 年，主要用于野营、自卫队及应急供应。日本目前干燥米饭的产量约为 50 万吨，只有约 3 家企业生产。

（2）湿态无菌米饭：1 年的储藏期，微波加热即可食用；用于自卫队的杀菌米饭，保质期为 3 年，加工方式上主要有 pH 酸性控制型、加压加热型两种。

（3）便当米饭：要求 24 小时内售完，主要用于家庭用、便利店等。日本约有 300 多家便当米饭煮饭工厂。

（4）家庭煮饭：日本的家庭煮饭及便当米饭约各占 50%。

由上述可见，日本作为发达国家的经验告诉我们，干态方便米饭与湿态无菌米饭受配菜影响实际上很难有大的发展。反而，日本大力研发现代化、连续化、自动化的煮饭装备，鲜食米饭（煮饭工厂）得到大力发展。

案例 2：日本面条产品结构——冷冻面条大发展的启示

近年来，日本的面条产品结构发生了大的变革，传统的挂面年产量仅为 15 万吨，方便面为 20 万吨，而新兴的冷鲜面条占了主体，为 25 万吨。日本的 TOM 面条加工智能设备成为全球最大的面条加工供应商。Sodick 公司日本沙迪克机械科技有限公司（汤姆事业部）是由世界机床巨头——日本沙迪克集团与世界规模最大的专业制面机械设备制造商——日本汤姆（TOM）株式会社合并而成，重点产品为面制品生产线（冷冻面、冷藏面、湿法方便面、鲜生面、半干面、挂面等）。在世界面机方面优势非常明显。发展已有 40 多年历史，总产值为 550 亿日元，其中，Tom 公司的面条占十分之一，一半市场在中国。面条加工机械世界第一，在厦门有加工工厂，部分关键设备仍在日本加工。每年销售额的 5%用于科研创新。

案例 3：日本的稻米产业价值链

日本糙米价格为：10000 日元/60 千克；经过碾米加工后的大米价格为：15000 日元/50 千克；经过煮饭工厂加工成为便当米饭后，其附加值是糙米的 5 倍。为了提高产业整体效益与质量，日本正在推行"六次（1+2+3=6，1·2·3=6）"产业的试点工作。"六次"产业是指实现粮食"种植生产""粮食加工""服务业"的产业链的有机衔接，由一个经营主体进行运作，实现高效的目标。

3. 法国

法国是粮食出口大国，农业食品出口额占世界第 2 位，农业食品工业总产值约占工业总产值的 15%。谷物加工业总产值占食品工业总产值的 14%左右，其中面包和糕点占 10%左右。法国葡萄酒产值占农业产值的 9%左右。法国生产的面粉 85%用于做面包，传统面包（以手工制作为主）占面包销售额的 40%以上，还有特制面包（野餐面包和三明治用软面包）、黑面包及黄面包（有奶油蛋糕味）。玉米主要用于饲料工业，直接用于食品加工的数量只占各种谷物的 10%。玉米面粉可制作香料蜜饯面包和硬饼干。玉米芽代替大麦芽酿造啤酒。法国有两个玉米淀粉加工企业，每年加工玉米 100 多万吨，其中，淀粉出粉率达 62%~63%，啤酒糟为 19%~20%；玉米蛋白粉为 4%~5%；玉米胚芽饼为 4%；玉米胚芽油为 8%；法国玉米淀粉 50%用于制作葡萄糖及其他糖类，玉米淀粉还制作果糖、巧克力、啤酒、甜食品及儿童食品等，也用于造纸、制作涂胶、瓦楞纸原料、淀粉胶、化学药品及保健剂等。

法国对农业合作社和农业服务企业予以资金和政策支持，建立各种形式农业服务体系，促进农产品深加工发展。法国的农业服务体系主要由各种形式的农业合作社和农业服务企业予以提供。20 世纪 60 年代以来，法国政府特别重视并积极推进农业合作社的发展和完善，并从财政、信贷、税收等方面对农业合作社的发展予以支持和鼓励，如给予农业合作社创办投资补贴、免收各种税收等。由于政府大力支持与鼓励，农业合作社发展极为迅速。2000 年，法国共有 14000 多个农业设备使用合作社，有 1/3 的农业经营单位参加，在农产品加工领域，如牲畜屠宰、奶制品、制糖业、葡萄酒等部门，合作社起到重要作用，有近一半的农产品深加工是由合作社完成的，使得法国的农产品加工业得到迅速发展。

4. 加拿大

加拿大联邦政府农业食品部直属的农业研究中心（站）共9个，农业科研人员在总科研人数中居第一，占28%，农业科研投入呈多元化趋势。从机构设置看，除联邦、省、市政府有关专门科研机构从事研究外，很多大学、企业和农场也有自己的农业科研机构；从投入上看，政府每年要拨大量的科研经费，大学、企业和农场也要筹集资金投入科研。同时，注重科研部门与企业、农场联姻开展科技应用。加拿大农业食品部对保健食品的研究、生产及技术有效利用、技术转让提供特别资助。对于有推广价值的研究项目，政府和企业给予共同资助。这些刺激措施将加快经济的发展，创造新的就业机会，同时将增加企业在国际市场上的竞争力。

加拿大谷物和食品加工、食品流通等就业人员占全社会就业人员的5.5%，加拿大充分利用其小麦品质优良的有利条件，从政府到民间都积极研究推出新的小麦加工转化产品，并加快投入生产。特别是推出了不同系列、质量可靠的面包制品、面条（意大利通心粉）制品。加拿大的农场根据气候的适应性种植适应不同品类的食品和饲料加工的小麦品种，而且这些农场规模大、耕地多，同小麦加工饲料加工业的需求有着非常紧密的联系。

5. 以色列

维尔卡尼农业研究中心直属以色列农业部，并与以色列外交部国际合作中心，也称"马少夫"有着密切的联系和合作关系，主要是为世界各国培训农业科技人员。维尔卡尼农业研究中心的性质类似我国的中国农业科学院，主要研究水果、蔬菜和花卉（包括热带水果），而对粮食的研究相对较少（因以色列的耕地较少，农业是以产品的经济效益和能否出口来选择种植品种），但却设置有农业机械研究部门（即农业工程研究所）。各部门的联系较紧密，系统性强，农业问题在中心几乎可以得到全面解决。

维尔卡尼的研究经费主要来自以下几方面：农民组织（按品种分协会）收取的会费，主要提供给研究部门使用，因为在国际市场竞争，必须要以科研作为后盾；政府科研经费，每个研究人员均可申请研究课题；企业资助，但有使用新技术优先权和专利技术使用权。国际赠款分两部分：一部分是来自世界各国定居的犹太商人；另一部分是国际组织的赠款。研究中心的设备、研究手段非常先进，是世界上比较有名的研究中心，并且研究与实际紧密结合，绝大多数的研究课题都来自生产实际。由于农业产品的目标是达到出口标准，因此，研究的深度和水平相当高，研究非常系统。

1.3 中国农产品加工业发展存在的问题

1.3.1 中国农产品加工业存在的问题

1. 产业体系不健全，企业结构及产品结构不合理

在农产品加工企业中，小企业占绝大多数，产业集中度不高。小规模、低水平重复建设仍然存在，企业同质化严重，而纵向一体化不足，技术、信息、流通等服务体系建设滞后。在产品结构上，一般性产品、初加工产品多，技术含量高、附加值高的精深加工产品少，加工转化和增值能力不强。加上行业自律机制的缺失，市场恶性竞争严重，直接影响了企业的加工增值能力和资本积累能力，成为制约农产品加工业发展的重要因素。

2. 基地建设滞后，原料保障能力差

随着农产品加工业的较快发展及加工水平的不断提高，企业对原料供应在质量和数量上提出了新的更高要求。由于原料基地建设存在投入大、回报低、风险大、保险少，以及企业与农户的利益连接困难大、矛盾多等问题，发展相对滞后。企业的原料大都来源于分散的小农户生产，集约化生产、产业化管理的较少，农产品的质量和数量供应没有保障。一方面，小农户生产可能带来品种混杂、品种退化、化肥使用不当、农残超标等问题，严重影响加工制品的质量和档次；另一方面，由于某些行业的加工能力增长过快，部分原料短缺的问题也日益突出。不少企业产品销路很好，但由于原料供应不足，影响了企业的进一步发展，很多企业甚至长期处于停产和半停产状态。湖南祁阳县包括天龙米业、银光粮油等龙头企业在内的 28 家大米加工企业，普遍存在原料"吃不饱"的问题。长沙县的湘丰、金井、春华三大茶厂各自守着有限的茶园面积，谁都"吃不饱"、做不大。湘丰茶厂一条投资 2000 多万元的自动生产线，目前原料只能保证企业一年开工两三个月。

3. 生产成本持续快速上升

近几年，原料、能源、人力和物流等成本明显上升。据统计分析，2011 年与 2006 年相比，粮食、油料、生猪、蔬菜、水果等原料价格上涨了 47.2%～167.7%，能源价格上涨 44.6%，劳动力成本近 4 年涨了一倍左右，并且招工难、留人难的问题日益严重。而农产品加工制品价格上涨在 20%～60%，如淀粉、酒精价格同比却下降了 10% 和 12% 左右。加工成本的急剧上升和产品销售价格的徘徊不前，导致加工企业利润微薄，企业无力进行技术研发，甚至有些企业打起了偷工减料和降低质量的主意。

4. 企业税赋重、融资难

企业税赋重、融资难主要体现在以下几方面：一是税赋重。企业普遍反映农产品加工享受税收优惠的范围太小，增值税高征低扣问题比较普遍，出口退税率偏低。从调研情况看，农产品加工企业税赋占销售收入的 8%～10%，而利润仅为销售收入的 3%～5%。二是融资难。由于农产品加工企业风险大、利润低、资金占用周期长，银行贷款和社会融资都比较困难，特别是季节性收购农产品需要的大量流动资金无法通过正常的融资途径获得。国有收储单位收购大宗农产品享受的农业政策性贷款，加工企业享受不到。三是成本高。按照规模以上企业年贷款 5000 万元，利率在国家基准利率 6%的基础上上浮 30%左右计算，加上贷款抵押物评估等费用，每年要支付利息等约 400 万元，企业反映是在给金融机构"打工"。当前特别值得关注的是，我国加工农产品出口受人民币升值及出口退税政策调整等因素影响，企业无利可图，出口增速已连续多年下降。

5. 行业引导和公共服务不到位

行业引导和公共服务不到位表现在：一是全行业还缺乏一套科学合理的产业布局和行业规划，宏观调控手段不足、行业标准体系不完善、管理机构不健全等问题突出。二是政策咨询、市场信息、投资融资、技术孵化、质量检测、人才培训、创业辅导等公共服务体系建设滞后。三是缺乏针对性扶持引导和规范政策，行业准入门槛低，基本处于无序发展状态，企业"大群体"和"小规模"并存，小微企业和小作坊比重过大。行业内部同质化问题普遍存在，无序竞争现象比较严重。

1.3.2 我国粮食加工业存在的问题

我国粮食加工属于微利行业，目前存在的主要问题有以下几个方面。

1. 专用品种缺乏，原料基地缺乏

加工专用品种的选育和原料基地建设严重滞后，农产品加工企业生产中普遍面临原料品质一致性差、供应难保障等问题，直接影响加工制成品的质量和效益。例如，粮食原料方面缺少如面制品加工专用品种，油料方面缺少制油专用品种的筛选与培育等。

就水稻而言：一是品种结构上重视食用稻，忽视加工用稻；重视发展第一季稻，忽视发展双季稻，使适合加工、储藏的早稻种植面积与产量大幅度下降。二

是品质结构上重视常规稻，轻视杂交稻，致使目前达到国际三级以上稻米品质的杂交稻组合很少。

就小麦而言，我国专用小麦不足，商品小麦品质不稳。现有小麦品种中间品质类型偏多，既缺少面包用的强筋小麦，又缺少饼干、糕点用的弱筋小麦，相当进口小麦质量的品种更加缺少，与进口强筋小麦相比，国产小麦品质的主要问题是面筋强度较差，大部分品种稳定时间较短，拉伸面积较小。我国小麦面团平均稳定时间在3分钟左右，而国外在12分钟以上；拉伸面积平均在52平方厘米，而国外在100平方厘米以上。由于品质差，结构不合理，导致市场上普通小麦供过于求，优质专用小麦则大量短缺。

2. 过度加工

粮食加工方面，过度追求精、细。小麦加工中由于过度追求口感色泽等感官质量，导致加工中部分糊粉层和胚部进入麦麸中，且随着加工精度的提高，进入麸皮的比例越大，营养物质的流失也越严重。稻米若过度加工即经多机精碾和抛光，加工成的精米和糙米相比，B族维生素损失了60%，赖氨酸、苏氨酸也在加工中大量损失。油脂加工过程存在过度精炼情况，导致营养物质损失。过度精炼使油脂中维生素E、植物甾醇、叶绿素、类胡萝卜素、磷脂等天然活性物质损失严重，且精炼过程中易产生反式脂肪酸等有害物质。

3. 技工技术落后，核心设备缺乏

适合国产稻米、小麦等粮食加工的核心技术装备落后。现有设备难以满足南方长粒籼米加工的需要，导致整精米率不足50%，企业生产成本高；缺乏适合我国传统主食加工的专用面粉加工技术装备，专用粉质量有待提高。传统主食加工工业化技术装备落后。以馒头、米粉等为代表的传统主食加工大多沿用手工操作，缺乏规模化、自动化水平较高的加工技术装备。油料压榨预处理技术落后，导致油脂氧化严重，毛油色泽深，风味辛辣；饼粕蛋白过度变性，不利于深度开发利用。

4. 副产物利用率较低

稻壳、米糠、麸皮等粮食加工副产物综合利用率较低，产业链短，缺乏深度加工。稻谷副产物米糠为1331万吨，同比增长5.1%，米糠用于制油的比例不足10%。稻谷加工产生稻壳2519万吨，同比增长7.1%。其中，发电用稻壳92万吨，同比降低21.4%；供热用稻壳494万吨，同比降低10.3%。小麦加工副产物3123万吨，同比增长13.2%，其中，小麦麸皮2989万吨，麸皮90%以上仍用作饲料。油脂加工副产物主要包括饼粕、皮、壳、油脚、皂脚和脱臭馏出物。饼粕含有丰富的蛋白质和多糖；皮、壳中含有大量纤维素和多糖。油脚、皂脚和脱臭馏出物中含有天然维生素 E、植物甾醇、脂肪酸等功能成分。饼粕是最主要的油脂加工副产物，2012 年我国饼粕总产量为 6982 万吨，其中，菜籽粕产量约 919 万吨，棉粕产量约 456 万吨，花生粕产量 324 多万吨，但饼粕的蛋白质资源尚未得到高效利用。油脂精炼副产物中功能成分的现有提取技术得率低，产品纯度低、溶解性差，生产成本高，生产过程易产生二次污染。

5. 安全问题

人口不断增长，耕地的不断减少，水资源和生态环境方面压力不断增加，科技进步在短时期内还不能使粮食产量出现突飞猛进的增长，粮食储存水平比较落后，粮食保障能力比较脆弱，粮食供求关系偏紧。同时，粮食浪费十分严重，学校、饭店、机关、团体、部队等集体饮食单位都存在大量的损失和浪费现象。据估算，如果没有浪费，降低粮食流通中的各种损耗，并尽可能压缩行业用粮和民用粮，可相当于每年增产粮食 30%。另外，粮油制品面临着真菌毒素污染、食品添加剂在粮油制品中存在滥用等问题，如在面粉中超量使用增白剂、滥用色素和使用溴酸钾等违禁化学物质来提高面粉质量。

1.3.3 我国果蔬加工业存在的问题

1. 品种缺乏，原料基地不足

我国在果蔬加工原料的选育方面取得了一定的进步，但是加工专用果蔬品种仍然难以满足企业加工需要，制约了果蔬加工业的进一步发展。例如，浓缩苹果汁加工长期以来以鲜食品种为原料进行加工，制约了产品质量的进一步提高，产品的出口价格低，经济效益不高；在脱水果蔬及速冻果蔬方面，加工企业多数没有自己的优质蔬菜加工原料基地，如国际贸易中占主导地位的脱水马铃薯、洋葱、胡萝卜及速冻豌豆、马铃薯等大品种，我国加工量较少。

2. 加工机械化程度低

尽管高新技术在我国果蔬加工业得到了逐步应用，加工装备水平也得到了明显提高，但由于缺乏具有自主知识产权的核心关键技术与关键制造技术，造成了我国果蔬加工业总体加工技术与加工装备制造技术水平偏低的现象。我国蔬汁加工领域，无菌灌装技术、PET 瓶和纸盒无菌灌装技术、反渗透浓缩技术等没有突破；果蔬速冻加工领域，在加工机理和工艺方面的研究不足，国外在深温速冻对物料的影响方面已有较深入的研究，对一些典型物料"玻璃态"温度的研究通过建立数据库，已转入实用阶段，微波解冻、欧姆解冻、远红外解冻等机理研究和技术开发较为热门。

3. 副产物利用不足

水果副产物利用产业发展前景广阔，欧美等发达国家和地区在残次果及加工副产物综合利用方面的技术优势比较明显，应用现代高新技术从果蔬加工副产物中分离提取得到功能活性成分，增加整体附加值。相比之下，我国每年水果加工副产物超过 1500 万吨，同时还存在大量的非商品果（包括残次果和落地果），主要水果残次果及加工副产物综合利用总价值超过 600 亿元，但其利用率不足 5%。主要水果（苹果、柑橘和菠萝等）加工副产物精深加工产品种类少、附加值低，皮渣综合利用率低、腐烂霉变严重；非商品果（残次果与落地果）未得到有效利用。

4. 企业规模小，行业集中度低

果蔬加工行业通过资本运作，逐步进行企业的并购与重组，企业规模不断扩大，行业集中度日益提高，产生了一批农业产业化龙头企业，产业规模得以迅速扩张，但依然处于企业的加工规模小、抗风险能力差、产品单一、产品销路不畅、竞争力差的发展阶段。更重要的是，对比于国外的果蔬加工产业，我国果蔬加工企业的研发与创新能力十分薄弱，核心竞争力实质只是"低价格优势"，严重制约了整个企业的良性发展。

5. 果蔬安全问题

果蔬加工业的产业链较长，目前我国果蔬种植土地分散经营，造成果蔬产品出现源头管理难的问题，无法与规模化果蔬加工业实现匹配对接。果蔬原料品质的参差不齐，直接阻碍了果蔬加工业发展的进程，阻碍了食品安全管理的进程，果蔬加工产品在物流和销售环节同样会产生质量安全问题，如仓储物流和销售场所环境温度、湿度，以及多种产品混杂都可能引起二次污染。主要存在的常规性食品安全问题包括：农药的使用不科学导致农药残留；企业为了追逐利润、满足检测指标或产品的外观状态，存在食品添加剂过量使用和不规范使用的问题；地方水质与土壤污染等环境毒素被种植的果蔬所吸收、富集、积累，从而影响果蔬产品的质量安全。非常规性的食品安全问题包括：非法加工与经营造成的食品污染问题，滥用食品添加剂、用非食品原料、发霉变质原料；生产企业不按程序和标准操作造成的食品安全事故等。

1.3.4 我国畜产加工业存在的问题

我国是世界上最大的肉类生产国，但肉类制品的加工能力远比不上西方发达国家，产品大多都是初加工产品，精深加工的肉制品很少。这主要是，我国的肉制品在生产加工中存在着肉制品质量低、加工附加值偏低等问题，严重制约了肉制品的发展。

1. 加工水平低，产品单一

我国的肉制品消费主要以原料或初级产品为主，加工转化率低，80%的肉制品由手工作坊生产，而且产品结构不合理，盲目地扩大西式肉制品的生产，高温肉制品和发酵肉制品质量极低，许多具有中国传统风味的名优品种没有得到开发和推广。此外，我国的特殊肉制品如低脂肪、低胆固醇、低糖类保健功能的肉制品在国内鲜有生产，因此无法顾及特殊人群的特殊需要。

2. 肉制品副产物利用不足

目前，我国畜禽骨血的综合利用率不足5%，绝大多数企业基本未对畜禽骨血进行有效利用，不仅造成资源浪费，还带来严重的环境污染问题。在畜禽骨血利用方面存在的主要问题：一是骨血收集、储存技术缺乏，造成骨血利用难；二是骨血利用工程化技术缺乏，产业化难以实现。

3. 肉制品设备创新性不强

国内生产肉制品设备与肉类强国设备差距明显，创新型不强，缺乏竞争力，而传统肉制品的加工设备和工具更加简陋，主要是刀、案板、锅、缸，加工效率低，浪费多；国产包装机械、包装材料落后，冷链物流不发达，影响肉制品货架期。

4. 肉制品质量安全问题

我国肉制品安全规制存在的问题：少数地方政府为了自身利益促进GDP的提高纵容存在肉制品安全问题的厂商，地方保护主义的屡屡出现使地方政府规制的实际过程早已远离本该运行的轨道。家禽、家畜养殖、屠宰和加工存在问题：大量使用兽药和含添加剂的饲料，导致对人体有害物质在畜产品中残留；肉制品生产中的不规范操作，导致致病微生物、寄生虫等在肉制品中残留；肉制品生产中食品添加剂的不科学使用，未达到某些指标，添加剂超量使用或使用非法添加剂对人体造成危害。缺少疯牛病和禽流感病毒监督检测用的实用方法和技术，一旦出现问题，这对肉品行业将是毁灭性的打击。

1.3.5 我国乳制品加工业存在的问题

1. 奶源不足，单产水平低

我国的奶源建设并不足以支持奶业的快速发展。组织化程度低、生产规模小、生产效率低、技术与管理水平低的经营形式，防疫难度大，传递、分析信息的能力差，生产具有盲目性和趋同性，导致奶牛饲养业生产力水平低，抵御自然及市场风险的能力弱。另外，单产水平低，良种奶牛尤其不足，大部分都是改良牛，产奶量相对较低。特别是随着个体奶牛业的快速发展，多数个体奶农户没有经过饲养等技术培训，靠自己或雇用外地民工从事奶牛饲养，导致奶牛群品质参差不齐。

2. 乳品加工企业数量多规模小，加工能力有待提高

产品单一或者"小而全"，无拳头产品，无力进入国际市场，新产品上不去，成本降不下来，缺乏资金进行技改和扩大规模。再加之农区、牧区的乳品企业由于奶源基地的奶牛饲养规模小而分散，乳品加工企业受收奶半径的限制，规模上不去，集约化水平低。同时，饲养分散、手工挤奶，造成原料奶新鲜程度差，影响高质量乳制品的生产，大多以生产奶粉为主，缺乏市场竞争力。

3. 乳制品加工设备完全被制约

我国乳制品加工关键设备自动化程度低，加工技术与设备配套性差，复合纸质包材的无菌灌装机、奶粉充氮包装机、高品质奶粉喷雾干燥设备等主要依赖进口。采购维修费用高，造成奶制品生产成本升高，严重制约我国乳制品产业的健康发展。

4. 乳制品质量安全问题

目前，我国原料乳的质量参差不齐，奶源质量成为困扰奶业发展的关键性问题，制约着我国乳品质量和档次的提升。奶源是供应链的起点，也是后续生产和销售环节的保障，由于加工过程中原料乳具有相溶性，只要一头牛产奶存在问题，则整批次产品质量就有可能失控。乳制品加工过程中，不法制造商通过添加蛋白粉、奶味香精甚至骨粉等，调整其营养成分和口感，为了增加牛奶的"香""浓"，往往在原料奶中添加香精、增稠剂、蛋白粉等。乳制品流通过程中，很多企业缺乏严格的运输措施和适宜的销售条件，使销售链温度等条件不能得到有效的保证，极容易导致产品在保质期内出现安全问题。

第 2 章　中国与发达国家居民膳食营养结构研究

农产品加工业是国民经济的基础性产业和保障民生的重要支柱产业，是促进农民就业增收的重要途径和建设社会主义新农村的重要支撑，是满足城乡居民生活需求的重要保证。不仅如此，农业产业结构和农产品加工业的发展水平还直接影响着居民的膳食营养结构。自从改革开放以来，我国的经济飞速发展，居民的生活方式和生活节奏发生了极大的变化，但由于当前我国农业产业结构和农产品加工业的发展水平落后，尤其是具有悠久历史和丰富文化内涵的中国传统食品生产工艺原始、工业化程度低、标准化程度不高，难以适应现代市场环境的要求，导致相当数量的居民不约而同地选择了西式方便食品，直接影响我国居民的膳食营养结构，成为影响居民身体健康的主要因素。世界卫生组织对影响人类健康因素的评估结果表明膳食营养因素对健康的作用仅次于遗传因素，而大于医疗因素（遗传因素为 15%，膳食因素为 13%，医疗因素为 8%）。环境恶化、不良生活方式及膳食方式的变化等均是现代慢性疾病高发的重要因素，其中膳食与健康的相关性获得了前所未有的认同。我国当前正处于膳食与疾病发展的转折阶段，经济发展为消除营养缺乏提供了经济基础，但同时也使膳食模式及疾病谱发生了转变。

2.1　中国居民膳食营养结构及公众的食品消费意识调研

2.1.1　中国居民膳食结构的变迁

膳食结构变迁这个概念首次由 Popkin 提出，是指在整个历史过程中，人类膳食消费和能量摄入模式随着经济、人口和流行病学的变化而发生的变化。与西方国家的发展历程相似，我国也正经历着膳食营养结构的变迁。作为世界第一人口大国，我国的食物发展，始终是全世界关注的重要问题。新中国成立前，我国是一个贫病交加的国家，人均年国民总收入低于 100 元，许多中国人都处于中度甚至重度的营养不良状态。新中国成立以来，特别是改革开放之后，我国国民经济发展取得了举世瞩目的成绩，国家的食物生产与供应及价格发生了很大的变化，农产品综合生产能力稳步提高，导致了人们食物消费结构的变化，随之而来的是膳食结构的变化及居民营养健康水平的变化。

从全国营养调查的数据（表 2.1）来看，近几十年来我国居民粮谷类食物的摄入量呈下降趋势，杂粮类的其他谷类和薯类下降尤其明显，其他谷类由 1982 年的

103.5 克、1992 年的 34.5 克下降到 2002 年的 23.6 克,薯类由 1982 年的 179.9 克、1992 年的 86.6 克下降到 2002 年的 49.1 克。2002 年,我国居民平均每标准人日蔬菜的摄入量为 276.2 克,与 1992 年相比,我国居民深色和浅色蔬菜摄入量均略有下降。居民水果摄入量变化不大,盐和酱油稍有降低但变化不大。我国居民畜禽肉类摄入量在过去的几十年里有大幅度的增加,2002 年比 1982 年增加了一倍。我国居民植物油和动物油摄入量均呈上升趋势,植物油摄入量 20 年间增加了 20 克,平均每 10 年增长 10 克。

表 2.1 我国城乡居民每人每日食物摄入量 (单位:克)

食物分类	合计 1982 年	合计 1992 年	合计 2002 年	城市 1982 年	城市 1992 年	城市 2002 年	农村 1982 年	农村 1992 年	农村 2002 年
米及其制品	217.0	226.7	238.3	217.0	223.1	217.8	217.0	255.8	246.2
面及其制品	189.2	178.7	140.2	218.0	165.3	131.9	177.0	189.1	143.5
其他谷类	103.5	34.5	23.6	24.0	17.0	16.3	137.0	40.9	26.4
薯类	179.9	86.6	49.1	66.0	46.0	31.9	228.0	108.0	55.7
干豆类	8.9	3.3	4.2	6.1	2.3	2.6	10.1	4.0	4.8
豆制品	4.5	7.9	11.8	8.2	11.0	12.9	2.9	6.2	11.4
深色蔬菜	79.3	102.0	90.8	68.0	98.1	88.1	84.0	107.1	91.8
浅色蔬菜	236.8	208.3	185.4	234.0	221.2	163.8	238.0	199.6	193.8
腌菜	14.0	9.7	10.2	12.1	8.0	8.4	14.8	10.8	10.9
水果	37.4	49.2	45.0	68.3	80.1	69.4	24.4	32.0	35.6
坚果	2.2	3.1	3.8	3.5	3.4	5.4	1.7	3.0	3.2
奶及其制品	8.1	14.9	26.5	9.9	36.1	65.8	7.3	3.8	11.4
蛋及其制品	7.3	16.0	23.7	15.5	29.4	33.2	3.8	8.8	20.0
畜禽类	34.2	58.9	78.6	62.0	100.5	104.5	22.5	37.6	68.7
鱼虾类	11.1	27.5	29.6	21.6	44.2	44.9	6.6	19.2	23.7
植物油	12.9	22.4	32.9	21.2	32.4	40.2	9.3	17.1	30.1
动物油	5.3	7.1	8.7	4.6	4.5	3.8	5.6	8.5	10.6
糕点类	—	—	9.2	—	—	17.2	—	—	6.2
淀粉及糖	5.4	4.7	4.4	10.7	7.7	5.2	3.1	3.0	4.1
食盐	12.7	13.9	12.0	11.4	13.3	10.9	13.2	13.9	12.4
酱油	14.2	12.6	8.9	32.5	15.9	10.6	6.5	10.6	8.2
酒类	3.2	2.2	—	4.4	2.9	—	3.6	1.8	—
其他	9.2	11.5	—	11.0	20.6	—	9.8	6.6	—

数据来源:1982 年、1992 年、2002 年全国营养调查;《中国卫生统计年鉴(2014)》

从膳食结构的变化（表2.2）来看，我国居民谷类食物提供的能量占总能量的57.9%，城市为48.5%，农村为61.5%，城市居民明显低于55%～65%的合理范围；2002年能量来源于动物性食物的比例为12.6%，城市为17.6%，农村为10.7%；与1992年相比，谷类食物供能比平均减少了9个百分点，动物性食物供能比平均增加了3个百分点。从能量的营养素来源看，2002年我国居民蛋白质提供能量为11.8%，脂肪提供的能量比例为29.6%，与1992年相比平均增长8个百分点，城市居民已经达到35%，超过世界卫生组织推荐的30%上限。蛋白质的食物来源也发生了变化，我国居民2002年膳食蛋白质平均52%来源于粮谷类食物，7.5%来源于豆及豆制品，25.1%来源于动物性食物，15.3%来源于其他食物，与10年前相比，我国居民来源于谷类的蛋白质平均下降10个百分点，来源于动物性食物和豆类的蛋白质平均上升了9个百分点。与1992年相比，城市居民动物性脂肪的摄取量有所下降，而农村居民动物性脂肪摄入的比例则有所上升，分别为36.2%和40.4%，平均为39.2%。

表2.2 我国城乡居民膳食结构 （%）

食物分类		合计		城市		农村	
		1992年	2002年	1992年	2002年	1992年	2002年
能量的食物来源	谷类	66.8	57.9	57.4	48.5	71.7	61.5
	豆类	1.8	2.6	2.1	2.7	1.7	2.6
	薯类	3.1	2.0	1.7	1.4	3.9	2.2
	动物性食物	9.3	12.6	15.2	17.6	6.2	10.7
	纯热能食物	11.6	17.3	14.3	19.3	10.2	16.5
	其他	7.4	7.6	9.4	10.5	6.4	6.5
能量的营养素来源	蛋白质	11.8	11.8	12.7	13.1	11.3	11.3
	脂肪	22.0	29.6	28.4	35.0	18.6	27.5
蛋白质的食物来源	谷类	61.6	52.0	48.8	40.7	68.3	56.5
	豆类	5.1	7.5	5.8	7.3	4.8	7.6
	动物性食物	18.9	25.1	31.5	35.8	12.4	21.0
	其他	14.4	15.3	14.0	16.3	14.6	15.0
脂肪的食物来源	动物性食物	37.2	39.2	38.7	36.2	36.3	40.4
	植物性食物	62.8	60.8	61.3	63.8	63.7	59.6

数据来源：1992年、2002年全国营养调查；《中国卫生统计年鉴（2014）》

联合国粮食及农业组织（FAO）数据库提供了我国居民1961～2009年48年间食物消费量的变化（图2.1）。与我国营养调查结果一致，FAO数据显示我国居民人均谷物摄取量自20世纪90年代后开始下降,而肉类消费快速地增加。但FAO数据也显示我国居民蛋类、鱼和海产品、蔬菜、水果、奶的摄入量也在稳步增加,而食糖的摄入量在增加至24克/天后趋于平稳。

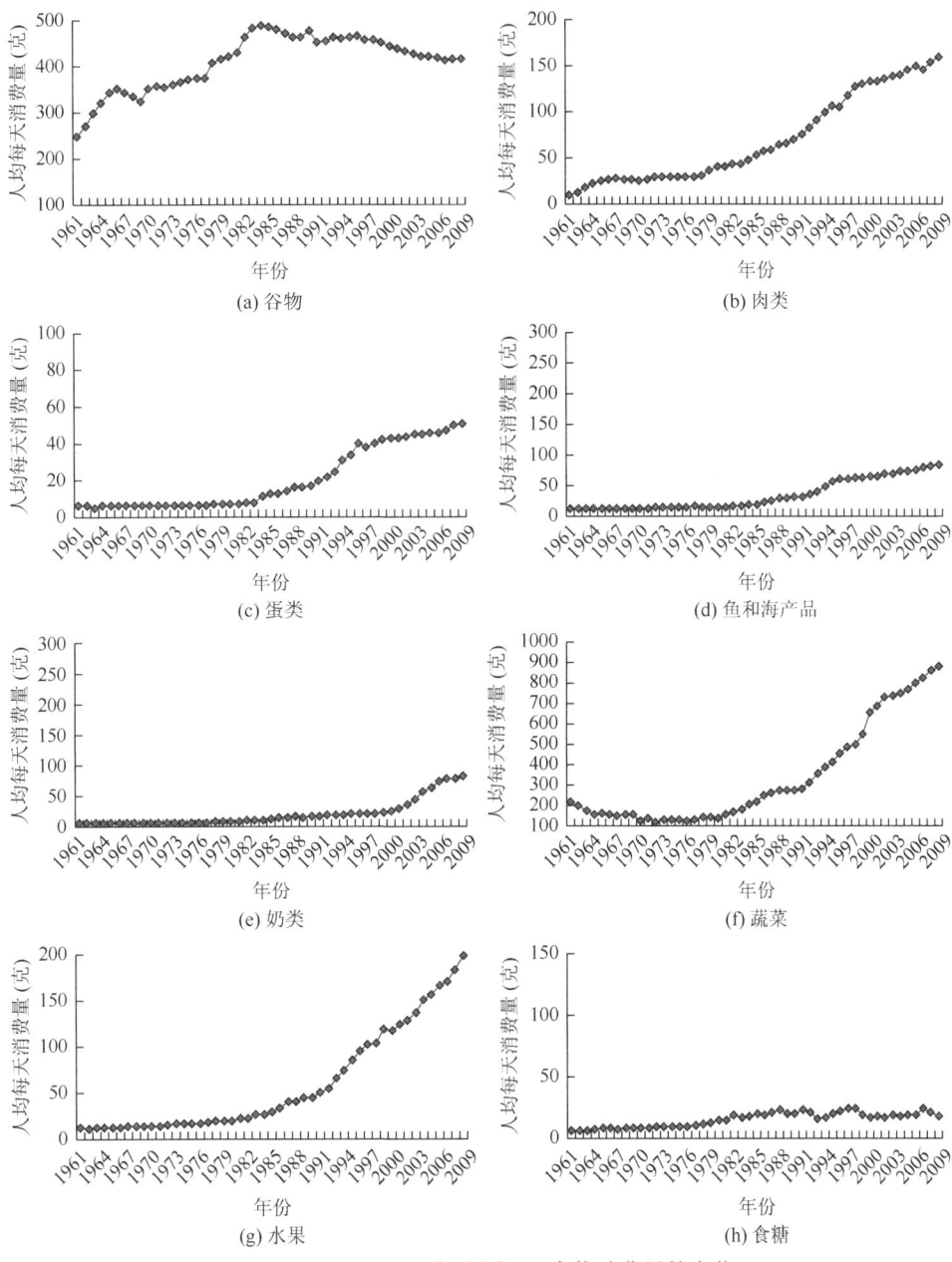

图2.1 1961~2009年我国居民食物消费量的变化

数据来源:联合国粮食及农业组织(FAO)数据库

"中国居民平衡膳食宝塔"是中国营养学会与中国预防医学科学院营养与食品卫生研究所组成的《中国居民膳食指南》专家委员会根据营养学原则,结合本国国情制定的。它把平衡膳食的原则具体化,转化成各类食物的重量,并以宝塔的形式直观地表现出来,是科学地指导我国居民膳食消费的依据(图 2.2)。但从我国营养调查和 FAO 调查数据来看,我国居民当前实际的膳食结构和理想的平衡膳食结构相比,存在不小的差距,突出表现在以下方面。

油:25～30克;盐:6克
奶类及奶制品:300克
大豆类及坚果:30～50克
畜禽肉类:50～75克
鱼虾类:50～100克
蛋类:25～50克
蔬菜类:300～500克,其中深色蔬菜占一半
水果类:200～400克
谷类薯类及杂豆:250～400克

图 2.2　中国居民平衡膳食宝塔[①]

(1)谷类食物消费偏低。中国营养学会推荐的碳水化合物供能比在 55%～65%,城市居民谷类食物供能比仅为 48.5%,明显低于合理范围,再加上米面加工越来越精细,导致人们对一些矿物质和维生素 B_1、B_2 等营养素的摄入不足。

(2)杂粮薯类消费量锐减。杂粮薯类具有丰富的矿物质、维生素、膳食纤维及有益健康的各种植物化学物质,然而近几十年来人们偏爱精米精面,杂粮的摄入量由 1982 年的 103.5 克/天降至 2002 年的 23.6 克/天,薯类摄入量由 179.9 克/天降至 49.1 克/天,导致人们膳食纤维摄入的严重不足。

(3)大豆及豆制品消费偏低。"中国居民平衡膳食宝塔"要求人均每日食用豆类和豆制品 50 克,但我国当前无论是城镇居民还是农村居民,其豆类消费都远低于该数值。

(4)动物性食物消费增长过快。过去 50 多年里,城乡居民动物性食物消费量都增加了 2.5 倍以上,尤其是猪肉消费在动物性食物中占较大比例,猪肉属多热量、高脂肪、蛋白质偏低的动物性食物,在生产中又属于饲料转化率偏低的食物,过多摄取不仅对居民的营养健康造成隐患,也易造成能源的浪费,进而影响国家的粮食安全。

---

① 图片来源于西藏人民出版社《中国居民膳食指南》

（5）食用油消费增长过快。中国营养学会推荐的每人每天植物油的摄入量为25克，但我国居民从2002年起就远远超过这个消费量。食用油消费量的过快增长，容易导致居民高血压、高血脂、高胆固醇等"三高"疾病及其与此有关的"富裕型"疾病的发生。

2.1.2 中国居民各类营养素摄入水平的变化

随着我国居民各类食物摄入量和膳食结构的改变，我国居民各类营养素的摄入水平也随之发生变化（表2.3和图2.3）。

表2.3 我国城乡居民每人每日营养素摄入量

营养素名称	合计 1982年	合计 1992年	合计 2002年	城市 1982年	城市 1992年	城市 2002年	农村 1982年	农村 1992年	农村 2002年
能量（卡）	2491.3	2328.3	2250.5	2450.0	2394.6	2134.0	2509.0	2294.0	2295.5
蛋白质（克）	66.7	68.0	65.9	66.8	75.1	69.0	66.6	64.3	64.6
脂肪（克）	48.1	58.3	76.2	68.3	77.7	85.5	39.6	48.3	72.7
碳水化合物	—	—	321.2	—	—	268.3	—	—	341.6
糖（克）	443.4	378.4	—	101.0	340.5	—	489.7	397.9	—
膳食纤维（克）	8.1	13.3	12.0	6.8	11.6	11.1	8.7	14.1	12.4
维生素A（微克）	53.8	156.5	151.1	103.9	277.0	223.6	32.7	94.2	123.1
维生素A当量（微克）	119.5	476.0	469.2	147.3	605.5	547.2	107.8	409.0	439.1
硫胺素（毫克）	2.5	1.2	1.0	2.1	1.1	1.0	2.6	1.2	1.0
核黄素（毫克）	0.9	0.8	0.8	0.8	0.9	0.9	0.9	0.7	0.7
维生素E（毫克）	—	—	35.6	—	—	37.3	—	—	35.0
钾（毫克）	—	—	1700.1	—	—	1722.4	—	—	1691.5
钠（毫克）	—	—	6268.2	—	—	6007.7	—	—	6368.8
钙（毫克）	694.5	405.4	388.8	563.0	457.9	438.6	750.0	378.2	369.6
铁（毫克）	37.3	23.4	23.2	34.2	25.5	23.7	38.6	22.4	23.1
锌（毫克）	—	—	11.3	—	—	11.5	—	—	11.2
铜（毫克）	—	—	2.2	—	—	2.3	—	—	2.2
硒（毫克）	—	—	39.9	—	—	46.5	—	—	37.4
磷（毫克）	1623.2	1057.8	978.8	1574.0	1077.4	973.2	1644.0	1047.6	981.0

资料来源：1982年、1992年、2002年全国营养调查；《中国卫生统计年鉴（2014）》

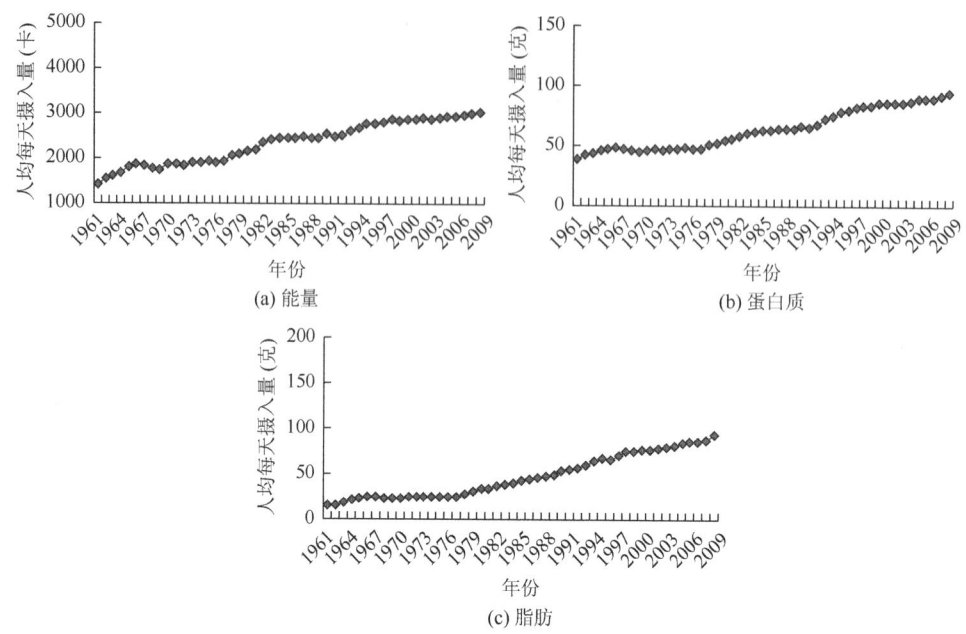

图 2.3　1961~2009 年我国居民膳食营养素摄入量的变化

数据来源：联合国粮食及农业组织（FAO）数据库

（1）能量：虽然我国营养调查数据显示 2002 年与 1992 年、1982 年相比没有增长，但 FAO 连续调查数据却展示出持续增加的趋势。

（2）蛋白质：随着动物性食物摄入量的增加，我国城乡居民优质蛋白质摄入明显增加，因此蛋白质营养状况有所改善。

（3）脂肪：由于植物油和动物性食物消费量的同时增加，我国居民脂肪摄入量的增长速度相当快。

（4）维生素：据我国营养调查结果，城市维生素 A 当量摄入下降，农村上升，硫胺素、抗坏血酸摄入量呈下降趋势。

（5）矿物质：与 1992 年调查结果相比，我国居民 2002 年钙摄入量略有下降，铁与锌摄入量变化不大。

2.1.3　中国居民消费意识的变化

2013 年 6~9 月，针对当前我国居民食品消费意识变化，在全国范围内进行了问卷调查，共发放调查问卷 10000 份，收回 9125 份，其中，有效问卷 9088 份。本调查中，农村人群占 38%（3453 人），城镇人群占 62%（5635 人）；按所在地域分布，华北地区占 69.7%（6334 人），东北地区占 5.8%（527 人），华东地区占 9.2%（836 人），中南地区占 7.1%（645 人），西南地区占 5.1%（464 人），西北地区占 3.1%（282 人）；按年龄层次分，18 岁以下的占 16.0%（1454 人），18～30 岁的占 43.1%（3917 人），31～40 岁的占 21.2%（1927 人），41～50 岁的占 12.2%（1109 人），50 岁以上的占 7.5%（681 人）；按受教育水平分，小学文化水平的占 5.6%（509 人），初中文化水平的占 13.3%（1209 人），高中或中专文化水平的占 27.1%（2463 人），大专或本科文化水平的占 46.6%（4235 人），硕士及以上文化水平的占 7.4%（672 人）；按年收入水平（或可支配费用）分，年收入（或可支配费用）在 2 万元以下的占 32.2%（2926 人），2 万～5 万元的占 25.9%（2354 人），5 万～10 万元的占 22.9%（2081 人），10 万～20 万元的占 11.9%（1082 人），20 万元以上的占 7.1%（645 人）。

1. 对传统烹饪方式的态度

我国饮食文化源远流长，传统烹饪技巧煎炒烹炸煨炖煮蒸等因其复杂多变、精致美味而享誉天下。然而，随着经济收入的提高、工作压力的增加和生活节奏的加快，越来越多的职场人士希望能从一日三餐、点火烧饭的传统烹饪任务中解脱出来。调查结果显示（图 2.4）：在"您认为每天自己买菜做饭麻烦吗？"回答中，有 32.9%民众认为"不麻烦，乐在其中"，44.0%民众认为"有些麻烦，偶尔自己做"，23.1%民众认为"很麻烦，从来不自己做"。尤其在 18～30 岁年龄段人群（图 2.5），分别有 64.0%和 27.2%的年轻人认为"有些麻烦，偶尔自己做"和"很麻烦，从来不自己做"，仅有 8.8%的年轻人愿意享受传统烹饪的乐趣。

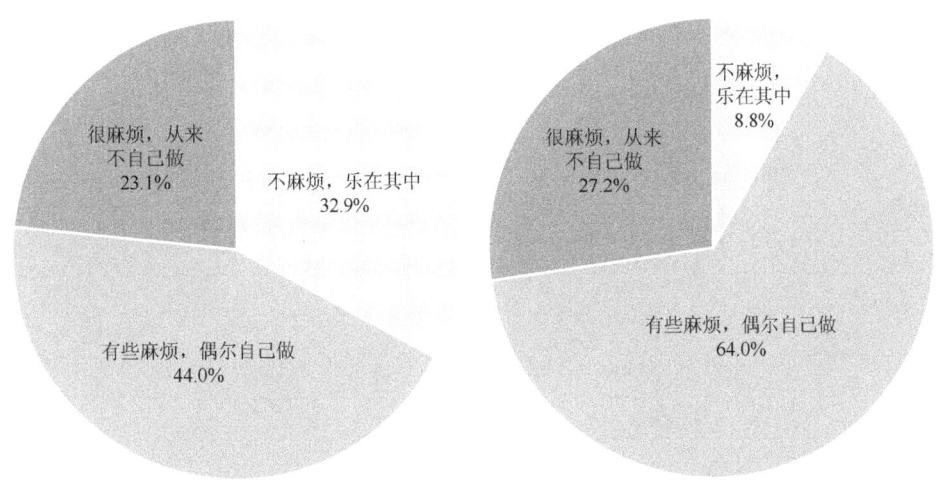

图 2.4　我国居民有关"您认为每天自己买菜做饭麻烦吗？"的调查结果　　图 2.5　我国 18～30 岁年龄段居民有关"您认为每天自己买菜做饭麻烦吗？"的调查结果

2. 对西式快餐的看法

一般来说，当经济收入达到中等水平以后，人们会乐于改善食物结构，提高生活水平。从我国居民食物消费的发展变化来看，20 世纪 90 年代以后，随着商品经济发展、对外开放扩大及统一市场的形成，货物产品南来北往、内外交流，全国各地的食物品种越来越丰富，一些过去只在小范围特定地区生产食用的食物开始在全国普及，甚至西式的饮食业也随着改革开放的潮流涌入我国市场并不断发展壮大。1987 年 11 月 12 日，美国快餐公司肯德基在中国的第一家餐厅于北京前门繁华地带正式开业。紧随其后，麦当劳也于 1990 年在深圳开设了其在中国的首家餐厅。自此，洋快餐如雨后春笋般在中国的大街小巷"遍地开花"。调查显示（图 2.6），在"现在您或您孩子经常去肯德基或麦当劳等西式快餐店用餐吗？"一问中，有 11.9%的被调查者（1081 人）回答"每周 2~3 次"，20.6%的被调查者（1872 人）表示"每周 1 次"，17.3%的被调查者（1572 人）回答"每月 1 次"，还有 34.7%的被调查者（3154 人）表示会"偶尔吃吃"，剩余 15.5%的被调查者（1409 人）"从来不吃"；而在"10 年前您或您孩子经常去肯德基或麦当劳等西式快餐店用餐吗？"问题中，有 8.1%的被调查者（736 人）回答"每周 2~3 次"，16.6%的被调查者（1509 人）表示"每周 1 次"，17.6%的被调查者（1599 人）回答"每月 1 次"，还有 28.2%的被调查者（2563 人）表示会"偶尔吃吃"，剩余 29.5%的被调查者（2681 人）表示"从来不吃"。10 年间，喜爱西式快餐的人群（即每周去一次以上的人群）增长了 7.8%（从 24.7%增至 32.5%），而拒绝西式快餐的人群（即从来不去西式快餐店的人群）则减少了 14%（从 29.5%降至 15.5%）。由此

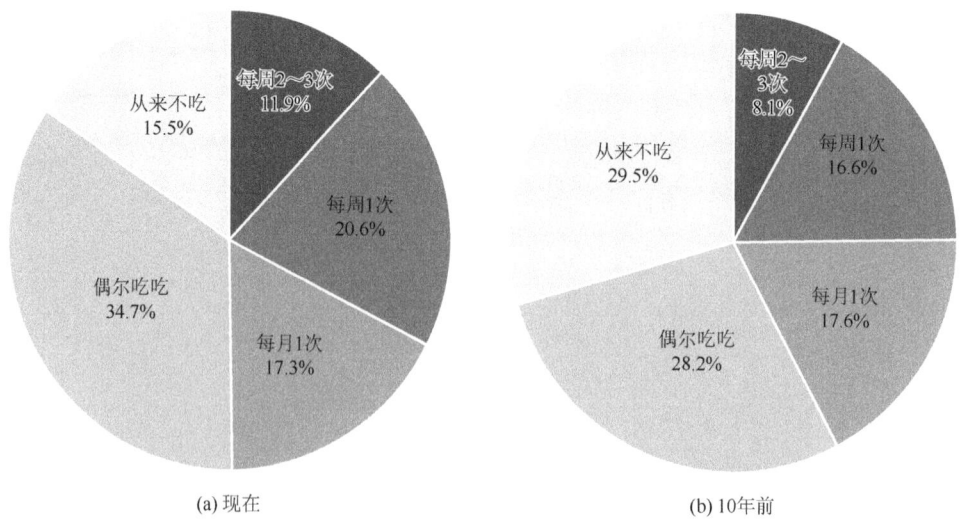

图 2.6　我国居民现在（a）和十年前（b）在西式快餐店的就餐频次

可见，口味地道、环境卫生、管理先进的"洋快餐"对我国消费者有着相当大的吸引力，这种全球化的食物生产、市场营销和配送体系对我国膳食结构有着重大影响。

3. 对加工便捷食品的看法

在"您食用速冻主食的频率"回答中（图2.7），有5.3%的民众表示"每天食用"，12.5%的民众表示"每周2~3次"，35.4%的民众表示"每周1次"，有36.9%的民众表示"偶尔吃吃"，仅有9.9%民众表示"从来不吃"。由此可见，绝大多数的居民已经接受从市场购买速冻主食的生活方式。主食消费是最大的食品消费，国际上发达国家食品加工的主体都是主食的加工，随着我国消费者传统消费观念的改变，我国的主食加工市场无疑是一个最稳定和最广阔的市场。

在"您对目前市售主食的价格、种类、口感及方便程度满意吗？"回答中（图2.8），有30.3%的民众表示"满意"，55.0%的民众认为"一般"，14.7%的民众明确表示"不满意"。由此可见，大多数民众期待市场上的主食产品能够改善和提高。发达国家居民消费的食物中，工业化食品达到70%左右，有的达到90%以上，而我国这个比例只有25%左右（刘玉德等，2013）。我国工业化生产的面制主食，称得上规模化生产的仅有方便面、馒头、包子、花卷、饺子和方便米饭等传统食品离工业化、规模化和标准化生产还有很大的差距。因此，开拓主食市场是未来我国食品工业发展的一大趋势。

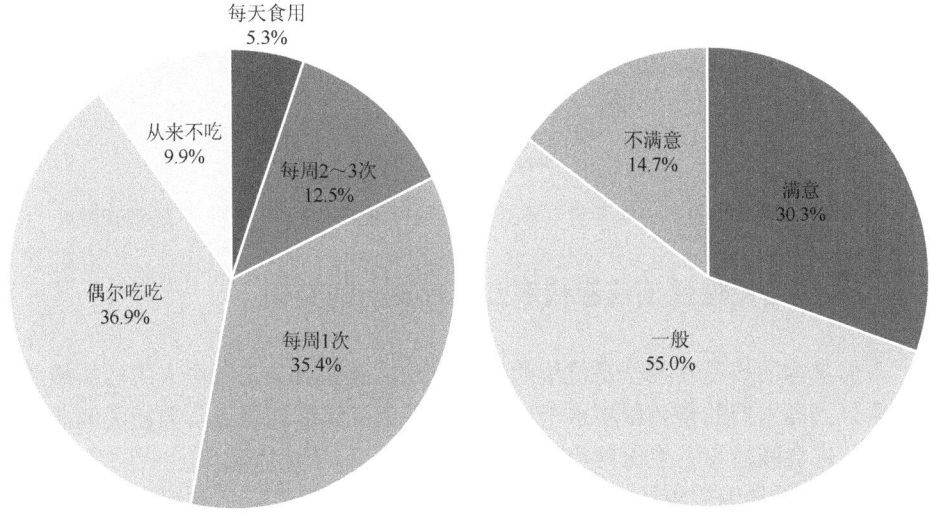

图2.7 我国居民有关"您食用速冻主食的频率？"的调查结果　　图2.8 我国居民有关"您对目前市售主食的价格、种类、口感及方便程度满意吗？"的调查结果

在"您希望市场上哪种类型的便捷食品多一些?"回答中(图2.9),有48.2%的民众期待"鲜切菜肴类(蔬菜或肉类已经洗净、切好、搭配好装盒冷藏,下锅即炒)",20.2%的民众期待"速冻食品(如速冻水饺、馄饨、馒头等)",17.1%的民众期待"即食食品(如午餐肉、罐头鱼、袋装熟食等)",13.2%的民众期待"冲泡食品(如方便面、方便蔬菜汤等)",1.3%的民众期待还有其他类型的新产品。以上结果显示,我国民众不仅期待着更多的便捷主食产品,对丰富多样的便捷菜肴产品也有着迫切的需求。因此,以中式菜肴自动化、标准化加工为标志的家庭厨房的社会化必将成为一种发展趋势,也将是我国餐饮方式的一大变革,变传统的手工操作为机械化生产,变人为控制为自动控制,变模糊性生产为定性定量化,变随意性为科学化,从而节约烹饪时间,改善生活品质和膳食结构,并且显著提高人们的饮食健康水平。

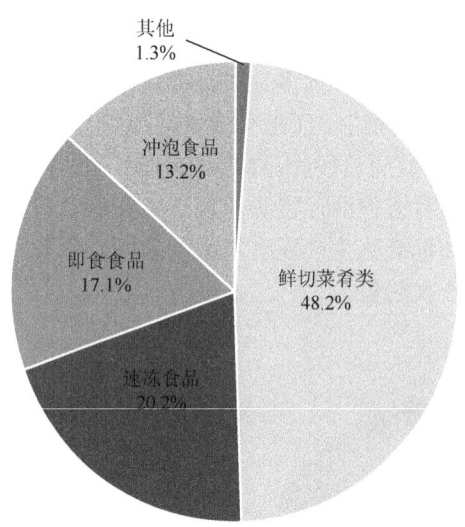

图2.9 我国居民有关"您希望市场上哪种类型的便捷食品多一些?"的调查结果

2.1.4 中国居民慢性疾病患病率及医疗支出的变化

人们食物的数量和类型是健康的决定因素,而健康又是每个人生活质量的决定因素。提高人们的整体健康水平,尤其是避免成年时期患上营养相关的非传染性疾病,也会减轻与卫生保健和社会经济生产力相关的损失。

2011年世界卫生组织(WHO)发布了全球非传染性疾病状况报告,分析了各成员国非传染性疾病导致死亡的数量、速率和病因,危险因素的分布,代谢危险因素的趋势。报告发现,慢性非传染性疾病已经成为世界首要的死因,2008年因此死亡5700万人,占全部死亡人数的63%,其中,有3600万人死于心血管疾病、糖尿病、癌症和慢性呼吸系统疾病,而其中80%的死亡发生在中低收入国家。大多数中等和高收入国家中,慢性非传染性疾病导致的死亡占全部死亡人数的70%以上。而在低收入和中低收入国家,慢性非传染性疾病是60岁以下人口死亡的首要因素,占低收入国家60岁以下人口死亡比例的41%,3倍于高收入国家。因此,在可以预计的将来,慢性非传染性疾病将在全世界范围内发生,会给公共医疗系统带来极大压力。

与营养相关慢性非传染性疾病发病的主要风险因素包括高血压、高血糖、超重和肥胖、胆固醇,膳食因素对高血压、高血糖、高胆固醇、超重和肥胖均有影响,因此对慢性非传染性疾病的防控具有重要作用。近几十年的流行病学调查研究已经在人群的水平上证明大多数慢性非传染性疾病与膳食结构的相关性,这些慢性非传染性疾病包括心血管疾病(冠心病、高血压和脑血管疾病)、癌症(口腔癌、咽喉癌、食管癌、胃癌、结肠直肠癌、肺癌、乳腺癌、子宫内膜癌、前列腺癌)、肥胖症、II型糖尿病、胆结石、龋齿、骨质疏松等。从2010年WHO报告提供的数据(图2.10)来看,我国居民慢性非传染性疾病风险因素的发展趋势不容乐观,在28年内我国居民人均血压、血糖和胆固醇值分别增加了38.2%、9.4%和33.5%,超重和肥胖人群分别增加了25.4%和5.7%,因而导致了慢性非传染性疾病患者的大量增加。

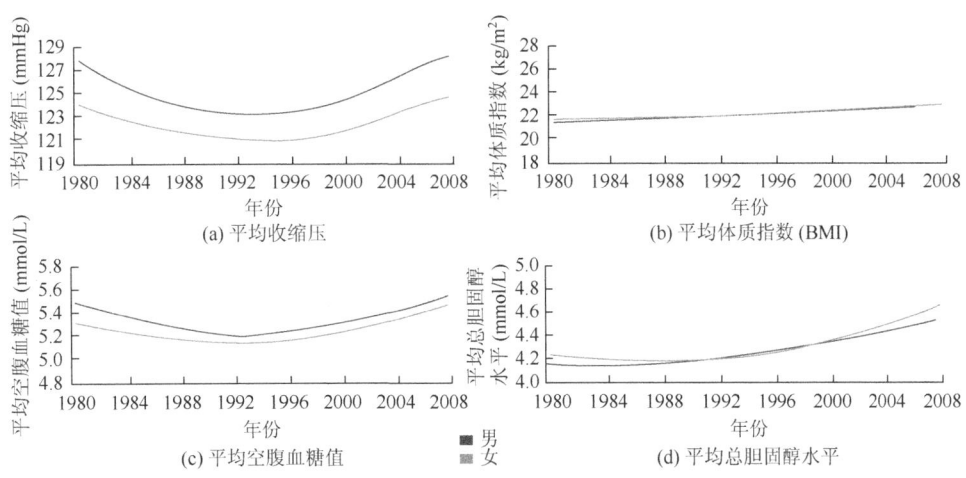

图2.10 1980～2008年中国居民慢性非传染性疾病风险因素的发展趋势

数据来源:2010年世界卫生组织(WHO)报告

2012年和2014年《中国卫生统计年鉴》提供了我国居民1993～2013年的数据(图2.11)。在这20年里,我国居民的慢性病患病率呈两个阶段发展:第一阶段,1993～2003年,随着经济水平的提高,居民购买力的增强,我国居民的膳食结构朝着更健康的方向发展,于2003年无论男女性别无论城市农村,我国居民的慢性病患病率都处于 20 年间的最低点；第二阶段，2003~2013 年，随着经济水平的进一步提高，居民购买力的进一步增强，我国居民的膳食结构却转朝不健康的方向发展，部分营养素开始过剩，如平均膳食脂肪功能比超过 30%，结果在 2003 年之后我国居民的慢性病患病率呈上扬趋势，尤其是 2008 年之后，上升的速率急剧加快，在 2013 年达到最高点。与 2003 年相比，2013 年男性和女性慢性病患病率分别增长了 131%和 108%；即便与 20 年前的 1993 年相比，2013 年男性和女性慢性病患病率分别高出 104%和 87%。据《中国居民营养与慢性病状况报告（2015 年）》报道，当前我国超重肥胖问题凸显。2012 年调查显示，全国 18 岁及以上成人超重率为 30.1%，肥胖率为 11.9%，分别比 2002 年上升了 7.3 和 4.8 个百分点，6~17 岁儿童青少年超重率为 9.6%，肥胖率为 6.4%，比 2002 年上升了 5.1 和 4.3 个百分点。2012 年全国 18 岁及以上成人高血压患病率为 25.2%，糖尿病患病率为 9.7%，与 2002 年相比，患病率呈上升趋势。40 岁及以

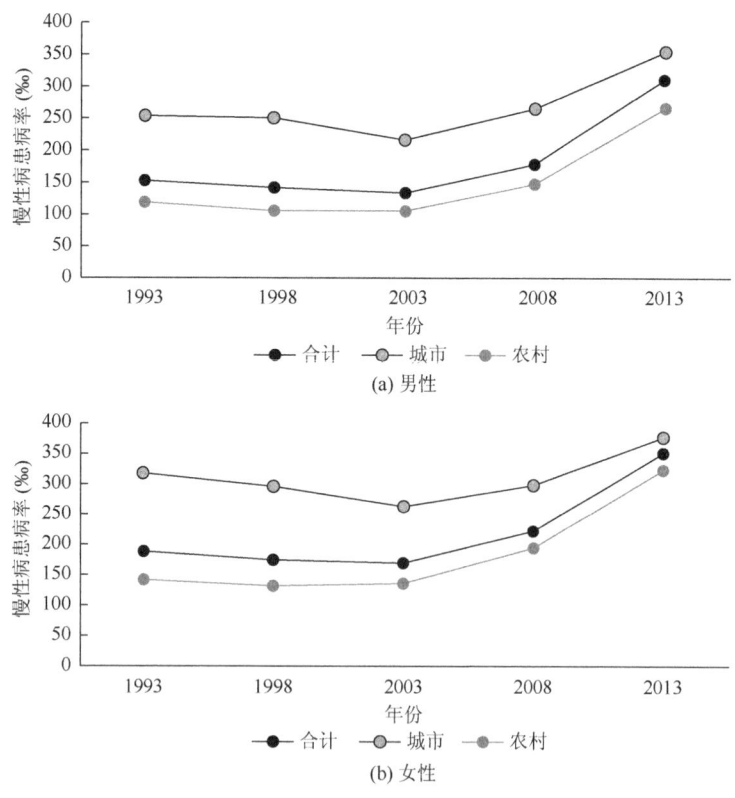

图 2.11 1993~2013 年我国居民慢性病患病率

数据来源：2012 年和 2014 年《中国卫生统计年鉴》

上人群慢性阻塞性肺病患病率为 9.9%。根据 2013 年全国肿瘤登记结果分析，我国癌症发病率为 235/100000，肺癌和乳腺癌分别位居男、女性发病首位，10 年来我国癌症发病率呈上升趋势。

正如 WHO 的发现，慢性非传染性疾病已经成为世界首要的死因，在我国也是如此。2008 年我国居民非传染性慢性疾病导致死亡的人数共 799.88 万人，占总死亡人数的 83%，其中，冠心病和癌症的致死率各占 38% 和 21%（图 2.12）。世界癌症研究基金估计 27%~39% 的癌症可以通过健康饮食和运动来预防。水果蔬菜摄入过少每年导致大约 170 万死亡，充足的水果蔬菜摄入会降低心血管疾病、胃癌和结直肠癌发生的风险。WHO 推荐每日每人食盐摄入量应低于 5 克，我国居民平均食盐日摄入量高达 10.5 克（2012 年数据），提高了高血压和心血管疾病风险，降低食盐摄入量将对降低血压和心血管疾病产生重大影响。动物性食物中的饱和脂肪酸和反式脂肪酸的高摄入会增加患冠心病的风险，因此，控制适量的动物性食物也很有必要。由于不断上升的非传染性慢性疾病发病率，不可避免地使我国政府和居民为此支付的医疗费用也节节升高（图 2.13），尽管与整个 WHO 西太平洋地区的平均支出相比不算很高，但基于我国庞大的人口基数，仍会给我国公共医疗系统和部分家庭带来极大压力。

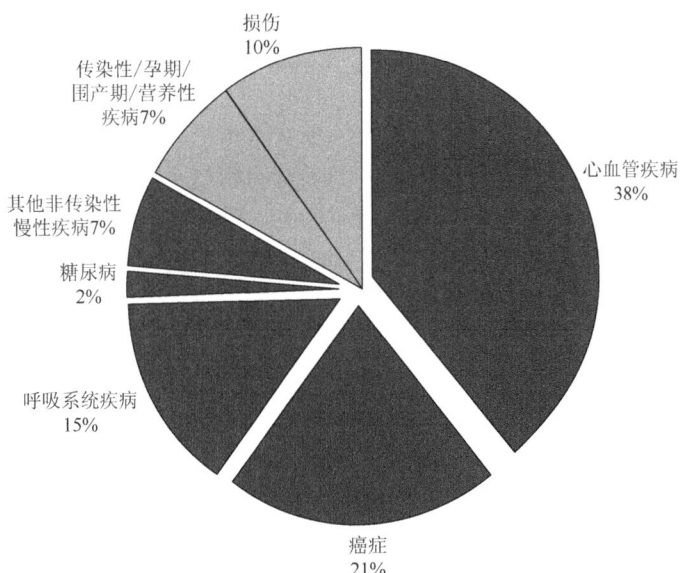

图 2.12　我国居民 2008 年非传染性慢性疾病占总死亡人数的致死率

非传染性慢性疾病占总死亡人数的 83%

数据来源：2010 年世界卫生组织（WHO）报告

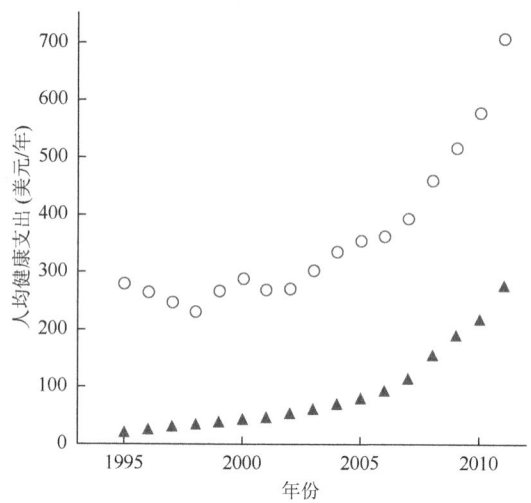

图 2.13 我国居民年人均健康支出

数据来源：2010 年世界卫生组织（WHO）报告；▲代表国家，○代表区域平均数，中国属于 WHO 西太平洋区域

2.2 发达国家居民膳食营养结构及公众的食品消费意识调研

2.2.1 发达国家居民膳食结构变迁与营养素摄入水平的变化

食物消费与营养结构模式的形成受经济收入水平、食物生产和消费状况、饮食习惯、营养知识的普及教育程度等诸多因素的制约。因此，不同国家或地区的食物消费与营养结构必有差异，各具不同特色，没有固定模式。西方国家由于进入工业化阶段较早，也较早地进入了膳食结构变迁阶段，近年来其趋势明显都朝合理的食物消费与营养结构模式转变。

1. 美国

传统的美国膳食模式中粮谷类食物消费过少，而动物性食品和食糖占较大比例，属于典型的"营养过剩型"膳食营养结构。但从近年来美国居民不同食品和营养素摄入水平变化（图 2.14 和图 2.15）分析发现，进入 21 世纪后，美国居民食物消费与营养结构正逐渐向健康化转变，粮食、水产品和禽肉的年均摄入量比数十年前增长并保持在较为合理的摄入范围内，食糖和猪牛羊类红肉摄入量较几十年前有极显著的减少，从而使得美国居民的总能量摄入量停止增长保持稳定，碳水化合物和蛋白质摄入水平也趋于平稳状态，脂肪摄入量呈下降趋势，而膳食纤维摄入量呈稳步增长状态。

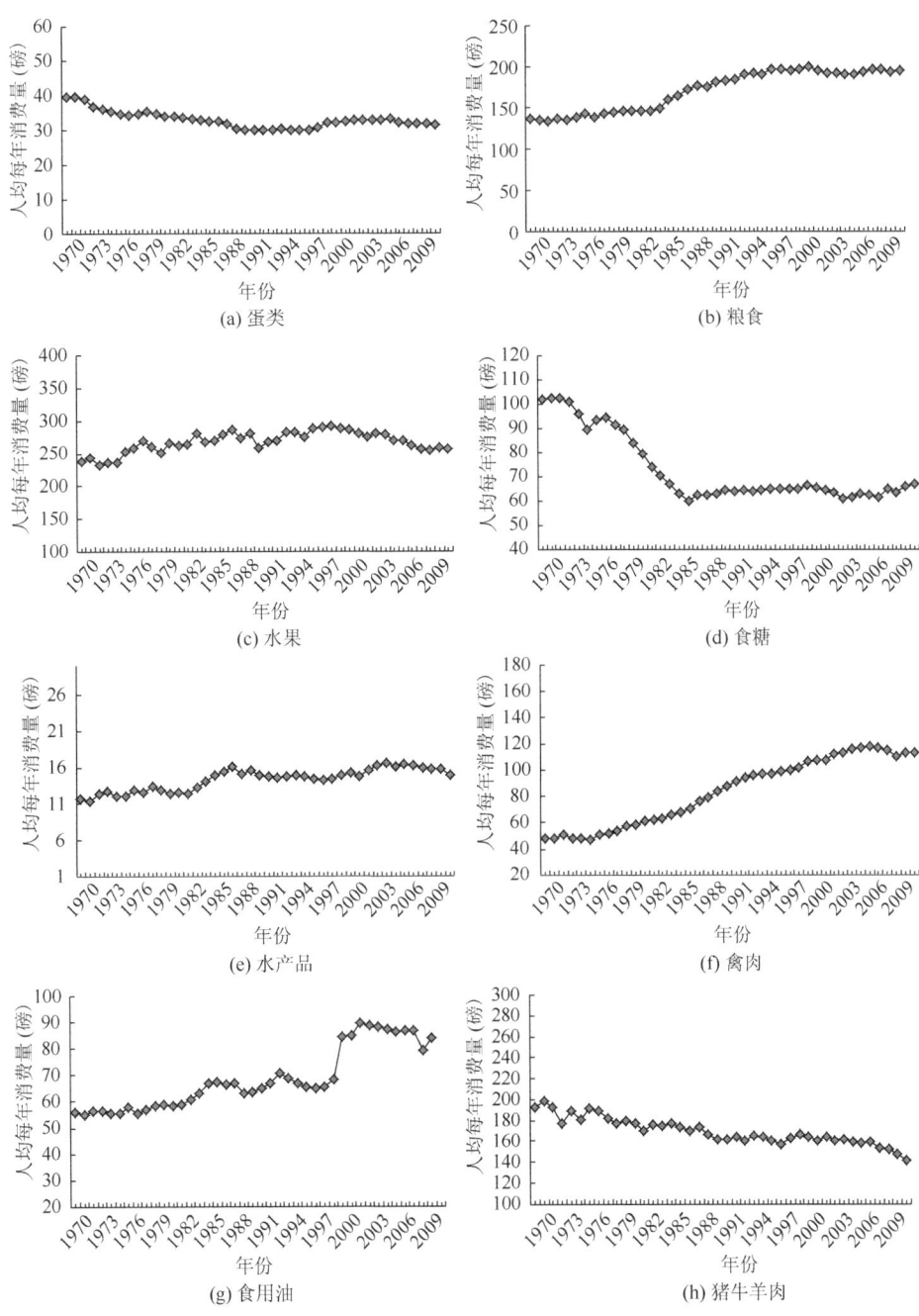

图 2.14 1970~2009 年美国居民食物消费量的变化

数据来源：联合国粮食及农业组织（FAO）数据库

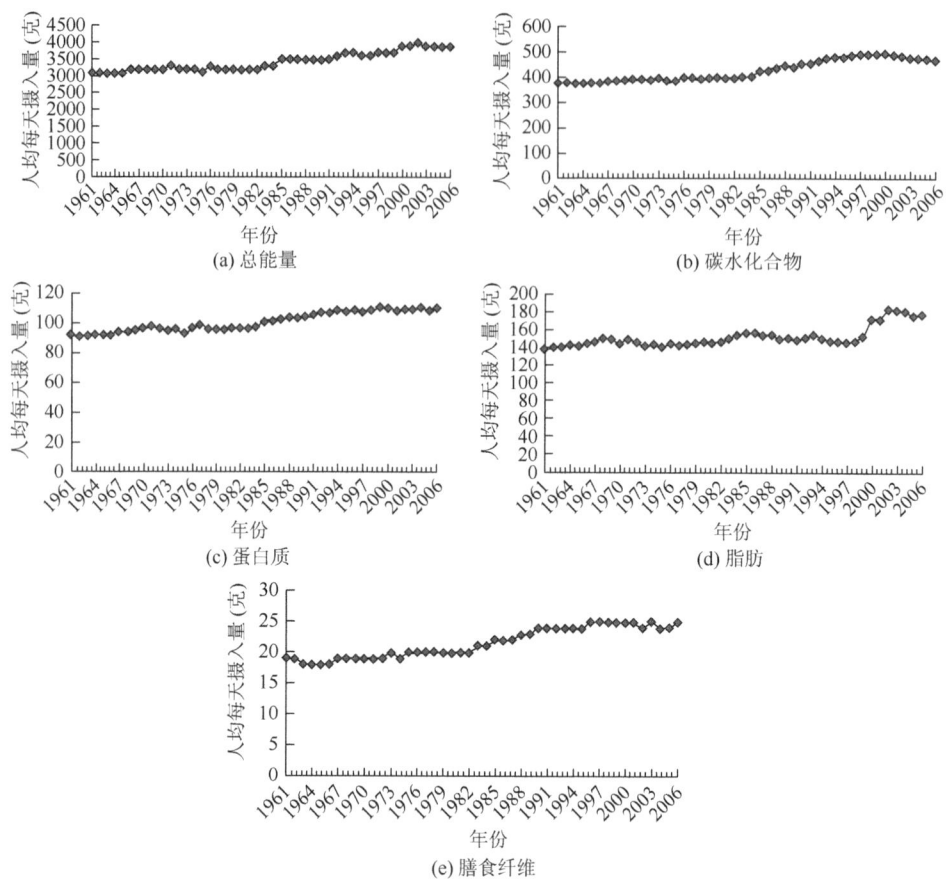

图 2.15　1961～2006 年美国居民膳食营养素摄入量的变化

数据来源：联合国粮农组织（FAO）数据库

2. 瑞典

瑞典的膳食营养结构属于动植物食物并重的"均衡型"模式，其热能、脂肪、蛋白质及其他营养成分的摄入量基本符合人体营养所需的标准，属于比较合理的食物消费与营养结构模式。这种模式提倡食物结构的多样化，使人均衡地摄取蛋白质、脂肪和碳水化合物。三大营养素在热量供给中所占的比例接近理想状态：谷类、根茎类提供的能量达到总能量的 50%～60%，蛋白质约占 12%，脂肪约占 28%。从 2009 年联合国粮食及农业组织提供的食物消费量变化调查数据（图 2.16）来看，1961～2009 年，瑞典居民肉类和水果类食物的消费均有所增加，奶类和蛋类有所减少。但从营养素摄入水平（图 2.17）来看，1961～2009 年总能量与脂肪的摄入量基本平稳，没有大的波动，而蛋白质的水平则稍有增长。

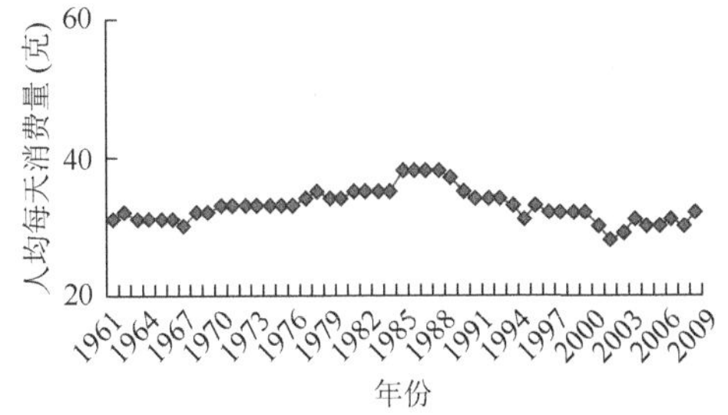

第2章 中国与发达国家居民膳食营养结构研究

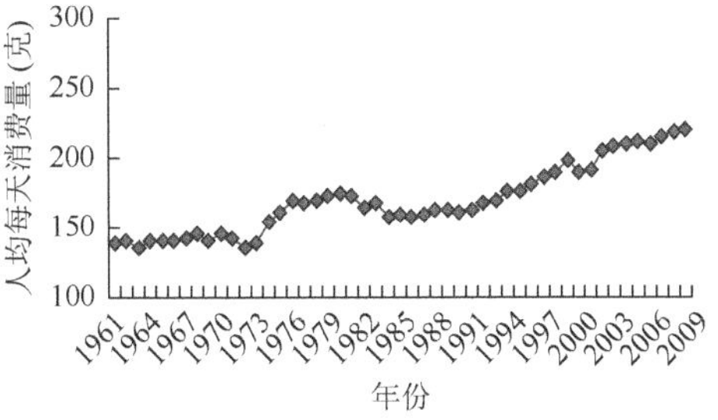

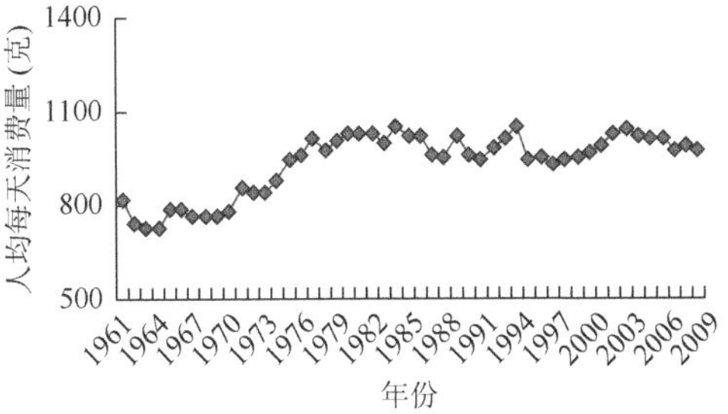

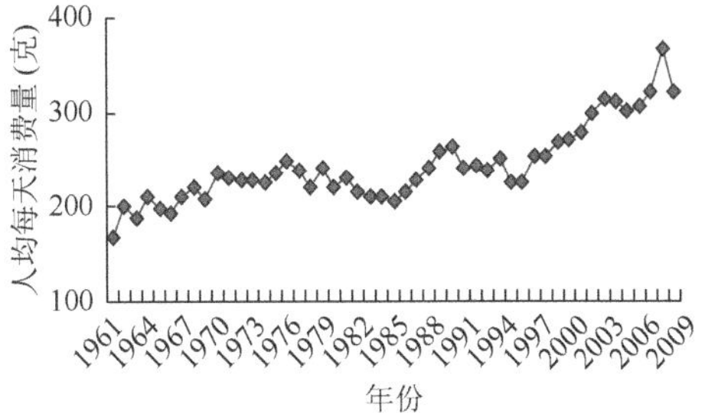

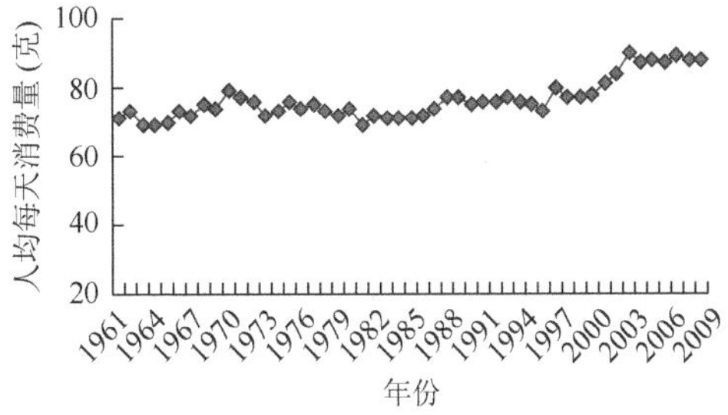

图 2.16 1961~2009 年瑞典居民食物消费量的变化

数据来源：联合国粮食及农业组织（FAO）数据库

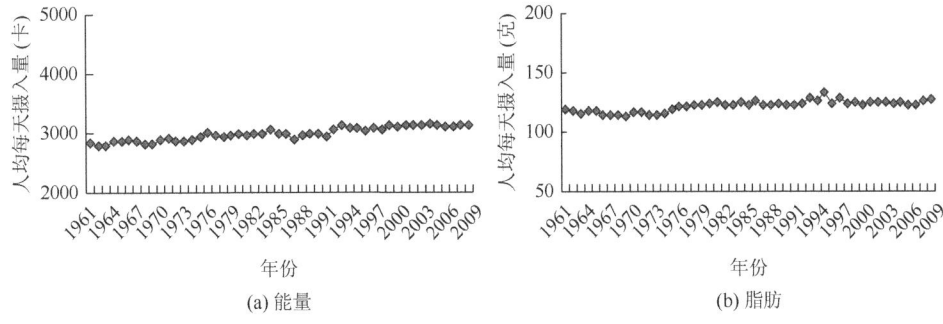

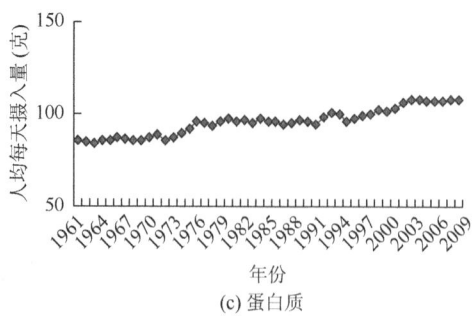

(c) 蛋白质

图 2.17 1961～2009 年瑞典居民膳食营养素摄入量的变化

数据来源：联合国粮食及农业组织（FAO）数据库

3. 日本

日本是当前世界公认的第一长寿之国，但在 20 世纪 30～40 年代时，日本成年男子平均身高仅有 161 厘米，第二次世界大战结束后日本政府在恢复发展国民经济的同时，十分重视国民食物结构的调整，进行科学的营养指导，令食物资源得到充分有效的利用，国民膳食合理、平衡，大力促进了国民的素质与健康发展，使日本在高速发展的现代科学技术领域中具备了很强的竞争力。传统的日本膳食中，三大营养素在食物中的比例，碳水化合物占 55%～70%，蛋白质占 10%～15%，脂肪占 20%～25%，均处于理想的摄入水平，这种"均衡型"膳食模式可以提供合理的能量和营养素来源，有效维护居民健康。从日本居民营养素摄入水平变化（图 2.18 和图 2.19）来看，总能量的摄入反映出三个变化阶段：1961～1985 年能量摄取呈逐年上升态势；1985～1997 年呈饱和状态；1997 年后能量摄入略呈降低趋势，整体波动不明显。但伴随着日本经济不同的发展时期，源于粮食所提供的能量迅速降低，而日本居民每人每天脂肪摄入量逐年增长，虽然还未超越人均 90 克/天的水平，但相比 1961 年，2009 年日本居民脂肪摄入量已经增长了 85%。

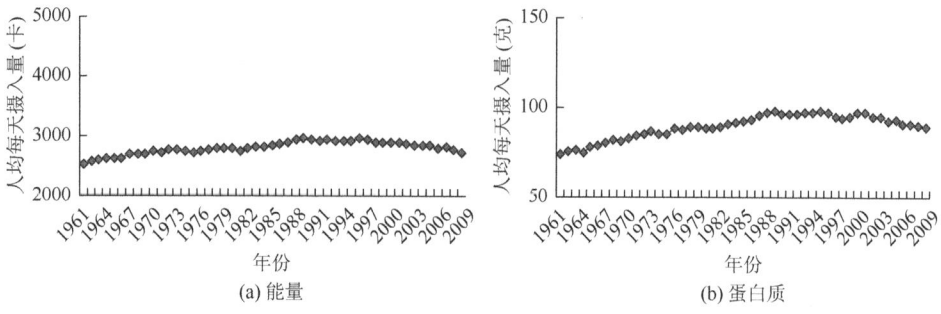

(a) 能量　　　　　　　　　　　　　　(b) 蛋白质

第 2 章　中国与发达国家居民膳食营养结构研究

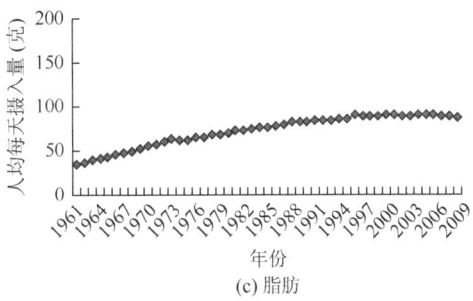

(c) 脂肪

图 2.18　1961～2009 年日本居民膳食营养素摄入量的变化

数据来源：联合国粮食及农业组织（FAO）数据库

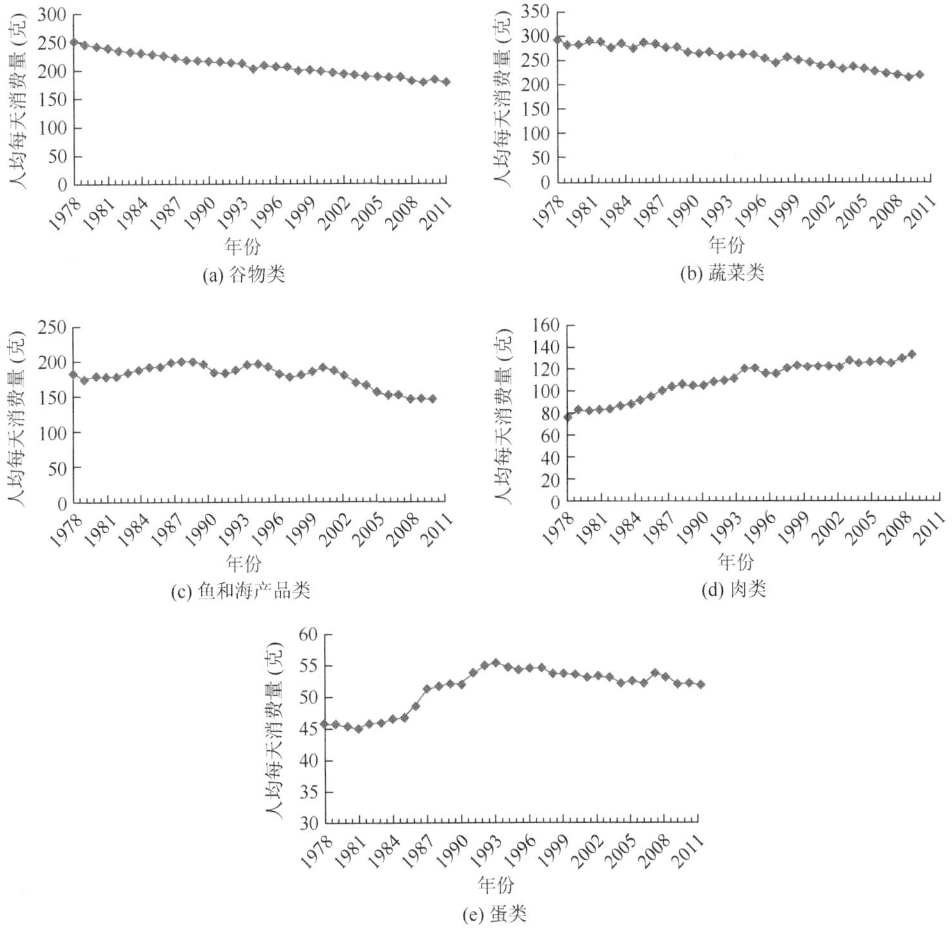

(a) 谷物类

(b) 蔬菜类

(c) 鱼和海产品类

(d) 肉类

(e) 蛋类

图 2.19　1978～2011 年日本居民食物消费量的变化

数据来源：联合国粮食及农业组织（FAO）数据库

2.2.2 发达国家居民非传染性慢性疾病患病率及医疗支出的变化

1. 美国

近十几年来，由于美国政府的重视，美国居民食物消费与营养结构正逐渐向健康化转变，美国居民的能量摄入量停止增长，脂肪摄入量呈下降趋势，而膳食纤维摄入量呈稳步增长态势（图 2.20），使得美国居民的健康状况有所好转。如图 2.21 所示，2010 年世界卫生组织报告数据显示，美国居民的血压和总胆固醇水平呈显著下降趋势，但血糖、超重与肥胖的增长尚未得到有效控制，人均健康支出仍然呈逐年上升的趋势（图 2.22）。

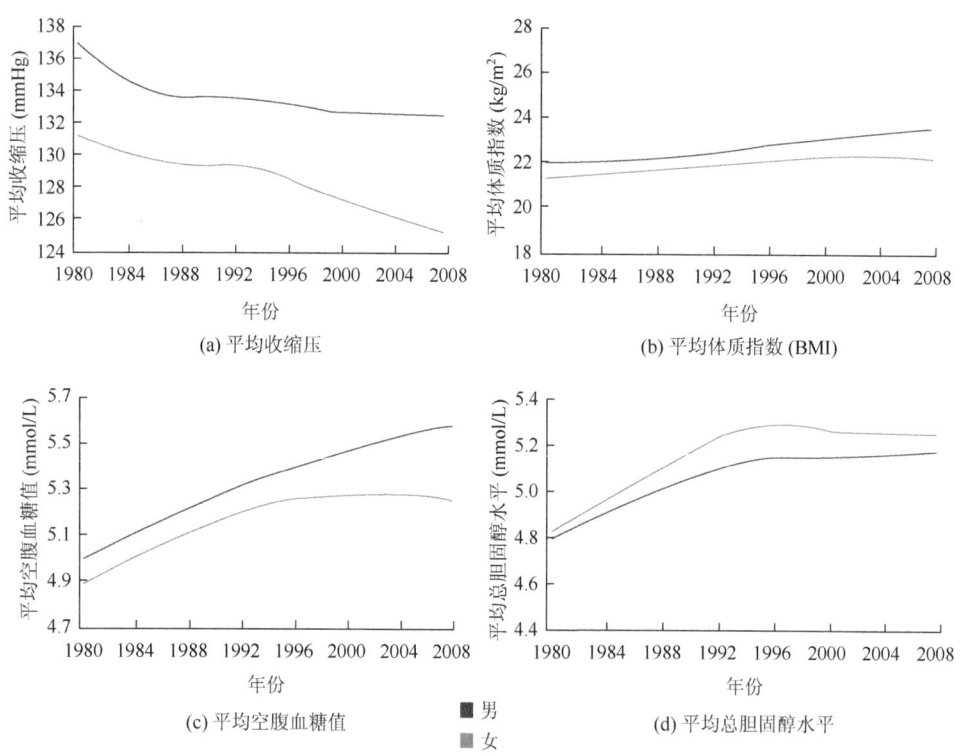

图 2.20　1980～2008 年美国居民非传染性慢性疾病风险因子的发展趋势

数据来源：2010 年世界卫生组织（WHO）报告

第 2 章　中国与发达国家居民膳食营养结构研究

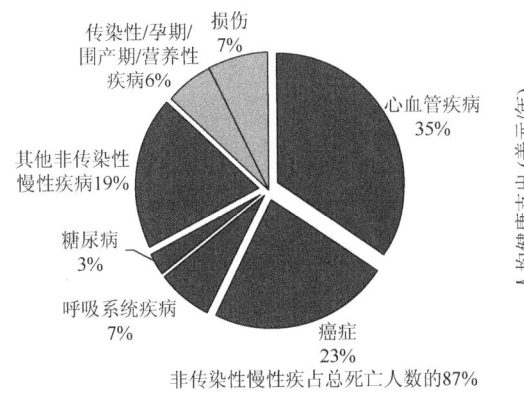

图 2.21　美国居民 2008 年非传染性慢性疾病占总死亡人数的致死率

数据来源：2010 年世界卫生组织（WHO）报告

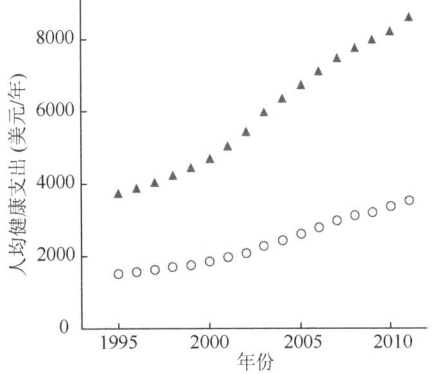

图 2.22　美国居民年人均健康支出

数据来源：2010 年世界卫生组织（WHO）报告；▲代表国家，○代表区域平均数，美国属于 WHO 美洲区域

2. 瑞典

瑞典的"均衡型"膳食与营养模式数十年间一直被很好地继承，虽然蛋白质摄入水平略有增加，但脂肪与总能量的摄入始终保持稳定，水果类食物消费的增长提高了膳食纤维、维生素及有益身体健康的植物化学物质的摄入。因此，瑞典居民在 1980~2009 年，BIM 指数与血糖水平平稳，血压值和胆固醇则持续下降，趋于更健康的生理状态（图 2.23~图 2.25）。

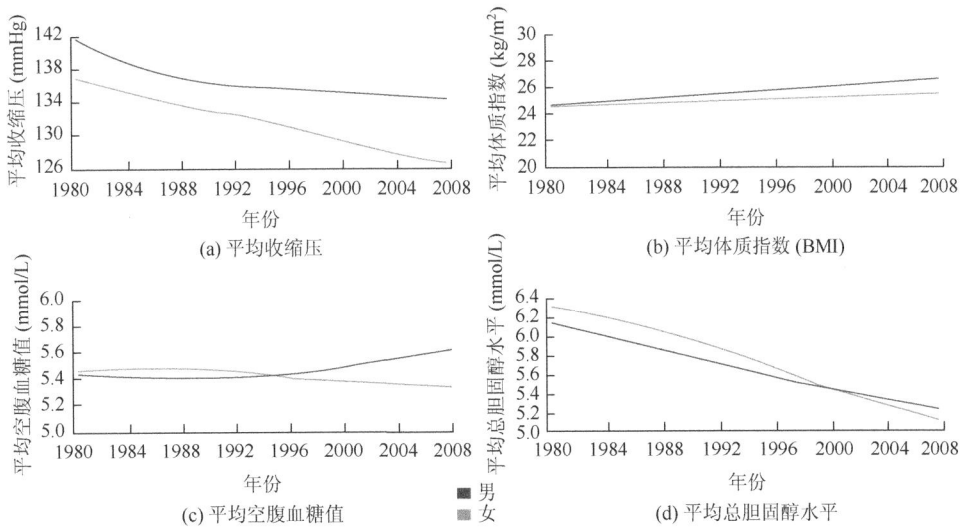

图 2.23　1980~2008 年瑞典居民非传染性慢性疾病风险因子的发展趋势

数据来源：2010 年世界卫生组织（WHO）报告

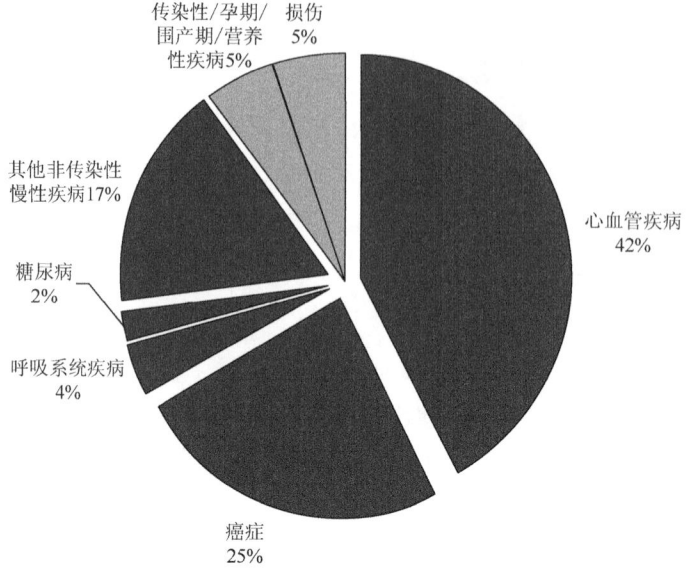

图 2.24 瑞典居民 2008 年非传染性慢性疾病占总死亡人数的致死率

数据来源：2010 年世界卫生组织（WHO）报告

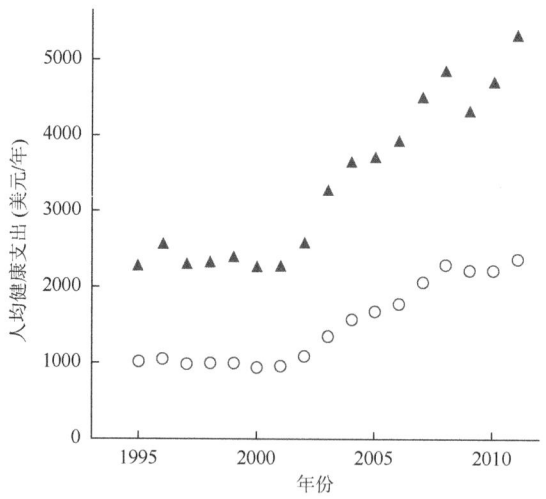

图 2.25 瑞典居民年人均健康支出（美元/年）

数据来源：2010 年世界卫生组织（WHO）报告；▲代表国家，○代表区域平均数，瑞典属于 WHO 欧洲区域

3. 日本

日本经济的发展使居民生活水平在不足 50 年的时间顺利地从温饱过渡到富裕，食物消费需求呈现扩张、丰富、多样化、高品质的特征，但传统的以大米、蔬菜、鱼、豆为中心的"均衡型"饮食模式开始动摇，向着高热量、高脂

肪和高蛋白为特征的"营养过剩型"模式转变，这导致了日本居民空腹血糖值、BMI 指数及胆固醇水平正逐年升高，尽管还在可控制范围内，但不能不引起重视（图 2.26～图 2.28）。我国刚刚从温饱迈入小康社会，居民生活正从坚持保障食物数量安全转向数量与质量并重阶段，在这样关键的转型期，科学合理地宣传、引导居民注重膳食营养均衡，最大限度地减轻（如日本传统饮食模式）受西化饮食模式的冲击，减少因过量摄入动物性食物而导致的慢性疾病的发生，确保我国食品供应的安全和居民的身体健康。

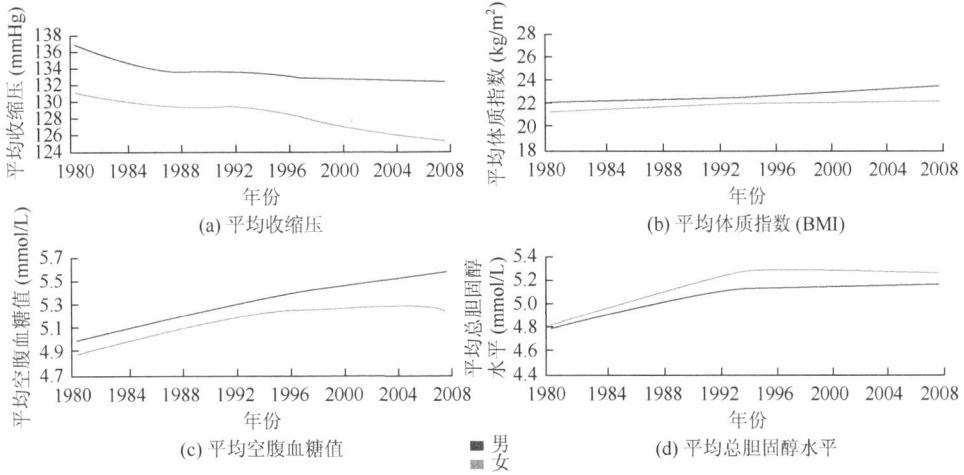

图 2.26　1980～2008 年日本居民非传染性慢性疾病风险因子的发展趋势

数据来源：2010 年世界卫生组织（WHO）报告

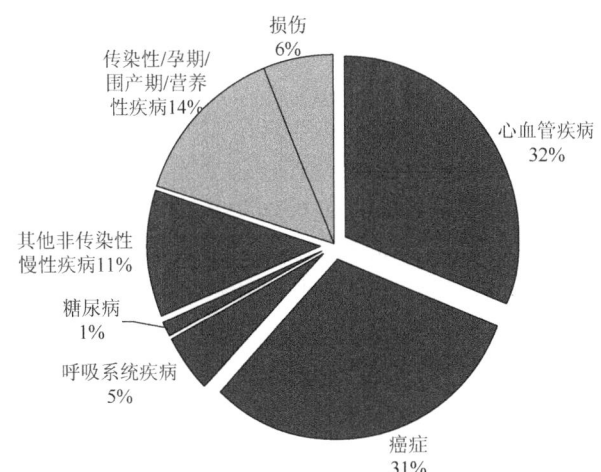

图 2.27　日本居民 2008 年非传染性慢性疾病占总死亡人数的致死率

非传染性慢性疾占死亡人数的 80%

数据来源：2010 年世界卫生组织（WHO）报告

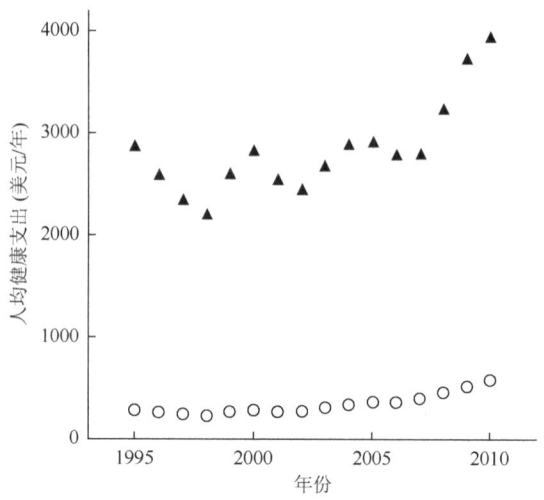

图 2.28 日本居民年人均健康支出

数据来源：2010 年世界卫生组织（WHO）报告；▲代表国家，○代表区域平均数，日本属于 WHO 西太平洋区域

2.3 部分发达国家膳食消费引导计划

为应对严峻挑战，各国政府、学术界和企业均制定了食品发展计划，包括发展营养健康食品、食品加工技术、保障弱势群体获得食品的权利、加强食品安全和营养饮食教育等，目的在于提高公民身体素质，让每个人吃得"更安全、更营养"。典型的食品计划有以下几个。

2.3.1 欧盟健康谷物项目计划

欧盟健康谷物计划（health grain project）是专门研究欧洲粮食生物活性及其营养健康作用的综合性项目，属于欧盟的第六个框架项目计划"食品质量与安全"的综合计划项目。该项目（exploiting bioactivity of European cereal grains for improved nutrition and health benefits）旨在通过增加全谷物及其组分中的保护性化合物的摄入，改善人们的健康状况，减少代谢综合征相关疾病的危险。主要目标是生产能够促进人体健康的、安全的及食用品质优良的谷物食品与食品配料。越来越多的研究表明全谷物膳食可以预防心脑血管疾病、II 型糖尿病等疾病的危险。项目通过整合不同学科的资源与力量，研究建立主要的欧洲谷物中生物活性组分含量的差异、加工对生物活性组分的影响及其人体代谢，并进一步阐明这些生理活性组分在预防代谢综合征及其相关疾病方面的重要作用及其生理机制。目标的生物活性组分主要包括：维生素（叶酸、生育酚及 B 族维生素等）、植物化学元素（甾醇、木酚素、烷基间苯二酚、酚酸等）与非消化性碳水化合物、微量元素与矿物质等。同时，也包括可以增加全谷物产品代谢作用的其他产品特性，如体重控制等。项目由 5 个模块组成，共 17 个课题（工作包）。项目执行时间为 2005~2010 年，执行期为 5 年，项目总经费预算为 1700 万欧元，其中，1100 万欧元由欧盟提供资助；600 万欧元由其他机构或企业提供资助。研究机构参加数量：来自 17 个国家的 43 个研究机构。

2.3.2 英国"饮食、食品和健康关联计划"

英国的"饮食、食品和健康关联计划"（eating, food and health link programme UK）为期 5 年（1998~2003 年），由英国卫生部、环境、食品和农村事务部，经济和社会研究会、生物技术和生物科学研究会共同发起，为交叉学科的研究及学术成果的工业化转化提供资助，目的在于为消费公众提供更健康的食品并引导健康饮食的理念。资助范围包括饮食中的有益成分研究、食欲和能量平衡的心理学和生理学研究、健康风险和食品革新、劳动力市场和消费需求研究等。

2.3.3 英国"学校食品计划"

英国"学校食品计划"（food in schools programme，FIS）由英国卫生部与教育和技能部共同发起，对象是中小学生，将食品科学引入校园，为学生提供安全营养的食品并帮助学生从小树立科学健康的饮食概念。计划主要内容包括：开设食品课程（如食品制作、食品卫生、食品成分分析等）；举办烹饪竞赛；建立食品社团（如健康早餐社团、成长社团）；为校园内提供卫生包装材料和设备（如午餐盒、自动销售机）；为学生提供健康的午餐；权威机构和专家为学生讲解食品科学知识等。至今，该计划仍然在进行中不断扩展。

2.3.4 英国"高水平食品研究战略"

英国"高水平食品研究战略"（high-level food research strategy）项目是生物技术和生物科学研究委员会于 2007~2012 年实行的计划，旨在加强从"原材料供应"到"食品加工与制造"到"消费行为"，直至"对健康的生理影响"整个纵链的研究。该计划确定的未来研究领域包括：食品中对健康有利的生物活性物质的分配、健康食品、食品对人类生理、代谢、健康和行为的影响，以及食品研究的手段和技术等几大方面。优先研究方向为食品生产物种的基因组织和代谢组、食品物化结构、人类肠胃道、膳食、生命进程、食品微生物和食品安全、食品研究技术等。

2.3.5 美国农业部联合研究教育和推广局计划

美国作为世界上唯一的超级大国,对农业(包括食品)科技的推进不遗余力。美国农业部下属联合研究教育和推广局已经成立共 60 个大类(截至 2008 年 4 月),涵盖农业产业各方面的研究和发展计划(CSREES),包括农作物、动物、生物技术,基于生物技术的产业、生态和环境、食品、营养与健康、教育、家庭、纳米技术等,其中与食品密切相关的大类为食品安全与生物安全性、食品科学技术、健康和营养等。以食品科学与技术计划为例,该计划为食品技术研究和活动提供资助,目的是发展食品加工技术、保障食品安全和提高食品质量,重点鼓励:能提高食品质量和增加食品营养的高新技术,高价值组分的分离纯化技术,食品加工和制造的高级计算机建模及数学建模;提高食品制造效率及保藏营养成分的动力学研究,对食品的分子水平认识和功能性的研究,有利于控制食品质量的高级风味技术、生物(催化)加工技术,节能食品加工技术等。

2.3.6 加拿大埃尔伯特技术革新计划

加拿大埃尔伯特技术革新计划(Alberta technology innovation programme,ATIP)自 2007 年 4 月 1 日开始,为期 5 年,由加拿大食品和饮料局发起。该计划为埃尔伯特地区食品企业提供资助,致力于企业和产业化相关的食品技术革新和发展,内容包括:食品安全与质量监控技术;消费者需求研究;环境保护;食品生产技术、加工、包装、储藏和运输技术开发;应急装备研发;现有技术装备改进和最大化提升竞争力;提高产品附加值,进行可持续发展。

2.3.7 欧洲食品研究"第七框架计划"

欧洲食品研究"第七框架计划"(framework programme 7)下设两个食品专题:"健康"与"食品农业和生物技术",规划未来研究重点领域为营养、食品加工、食品质量与安全、环境影响及整个食物链。

2.3.8 日本"六次产业-农产品提值政策"

近几年日本面向农村开展了"六次产业化"政策,除了关注农产品的生产外(一次产业,农业、林业、水产业),还通过对农产品进行加工(二次产业,矿业、加工业、制造业、建设业)、销售及提供相关的服务(三次产业,商业、运输业、通信业、服务业等),提高地区的整体收入。作为该政策的开展结果,将总结并公布相关的实施事例。为确保今后 10 年间实现农业、农村收入的翻倍增长，政府正在研究相关的战略对策。

2.3.9 日本推进反粮食浪费量化考核的《食品回收利用法》

食品废弃物回收利用法（关于促进食品资源循环的再生利用等的法律）（2001 年），是对食品制造过程产生的加工残渣、食品流通、消费过程等产生的销售剩余、食品剩余等进行发生抑制，对于已产生的食品废弃物计划作为饲料和肥料进行再利用，在减少废弃处理的同时减轻环境负荷，达到构筑循环型社会的目的。其中，减少食品废弃物等是食品相关从业者要解决的首要任务，在对削减成本做出贡献的同时，符合 mottainai（节俭型）时代的要求，环境方面也需要努力。

为了确保粮食等食品资源的有效利用及抑制食品废弃物的排出，2001 年 5 月日本制定了《食品循环资源再生利用促进法》，是对食品制造过程产生的加工残渣、食品流通、消费过程等产生的销售剩余、食品剩余等进行"发生抑制"，对于已产生的食品废弃物计划作为饲料和肥料进行"再利用"，在减少废弃处理的同时减轻环境负荷，达到构筑循环型社会的目的。其中，"减少食品废弃物等"是食品相关从业者要解决的首要任务，在对削减成本做出贡献的同时，符合"节俭型"时代的要求，环境方面也需要努力。此法律执行后，食品行业的食品循环资源再生利用率从 2001 年的 37%提高到 2005 年的 52%。为了强化对小型食品店、外餐店的指导监督，2007 年 12 月对《食品循环资源再生利用促进法》进行了修改。

2.3.10 日本推动全民爱粮节粮营养健康教育的《食育基本法》

1955~1995 年的 40 年，日本成年男子的平均身高多了 9 厘米，这蕴藏着日本青少年身高成长的两个"秘密"，营养与运动，其青少年男女平均身高已高于中国。昭和 7 年（1932 年），日本政府动用国库，向全国学校的贫困在校生提供"给食"，这就是日本中小学的"给食制度"。1954 年，日本政府通过并颁布了共 4 章 14 条的《学校给食法》及其"施行规则"，将"给食"提到"食育"的高度，立法规定其为义务教育的一个组成部分。《学校给食法》其后经过 14 次修改，实施至今。如今日本每个地区，都有"给食中心"，专门制作学校的饭菜。每所中小学，至少有一名持有国家考试"营养士"执照的"营养教谕"（专职营养师），负责配置管理学生的营养摄入。给食制度具有很多优点，最重要的是保证学生在校摄入配置平衡的营养，有利于其健康地发育成长。2005 年 6 月 17 日实施了《食育基本法》，规定将食育作为智育、德育、体育的基础，通过各种活动学习"食"的知识、提高选择"食"的能力，促使国民实现健全的食生活。本法律中明确了国家、地方政府机构、教育机构、农林渔业行业、食品行业、国民的责任和义务，每年政府要向国会提交实施报告。

为了增进国民的身心健康和形成丰富的人性，培养日本国民的关于"食"的思考方式、实现健全的饮食生活，同时规定每年的 6 月为"食育月"，每月 19 日为"食育日"。期待通过食育活动来促进都市和农村的共生、交流，构筑关于"食"的消费者和生产者之间的信赖关系，使地区生活富有生气，继承和发展丰富的饮食文化，在推进与环境相协调的食物生产及消费的同时提高食物的自给率。

2.4 中国居民膳食消费引导战略

2.4.1 加强食品与营养学知识的普及和政策引导

食品与营养知识匮乏是膳食结构失衡的原因之一。目前，我国居民普遍缺乏营养知识，很容易被电视、网络等食品广告中的一些不实宣传所误导，而盲目追随西方的饮食习惯和生活方式。许多居民把外国的快餐食品、传统的滋补品和高级的嗜好性食品作为自己或孩子的日常食品，殊不知 84%的西式快餐中三大营养素的能量比例不合理，在国外被称为"垃圾食品"。西式快餐中的某些营养素过多或不足是造成膳食不平衡的主要因素之一。例如，在我国畅销的可口可乐、百事可乐等碳酸饮料，由于高的磷酸含量，经常饮用会影响钙的吸收；我国传统的滋补营养品如人参、蜂王浆、燕窝等，只是对不同身体状况的某些特定人群起作用，而对其他人群尤其是儿童反而是不适宜的；在农村有些母亲把自家母鸡产的鸡蛋卖掉，再用卖鸡蛋的钱买些糖果、果冻、膨化食品给孩子吃；还有很多上班族不吃早餐、中午吃快餐的饮食习惯也极其不利于身体健康（李书国等，2005）。以上的例子说明我国居民缺乏基本的营养学知识，亟须加强食品与营养学知识的普及。

1. 加强营养知识的宣传

通过电视、报刊、社区活动等形式加强对全社会人群的营养学知识教育。加强媒体与科技界的交流，科学地进行营养学知识普及，防止出现错误报道，误导社会大众。推进并改进食品营养标签制度，显著标示卡路里含量，统一份量大小，使消费者可以根据营养标签合理选购食物。积极推广中国居民膳食指南和膳食宝塔，提倡合理的膳食结构。通过对有代表性人群食物摄入和身体健康状况的长期跟踪调查，发现人群中存在的营养问题，从而及时采取有效干预措施。美国的全国健康和营养调查（NHANES）项目每年调查 1 次，而我国相应的全国营养调查每 5 年进行 1 次，相比于美国，我国的监测间隔时间过长，不利于及时掌握人们的营养健康信息（夏慧等，2013）。

2. 加强学校阶段营养学知识教育

学校正规教育可以提供系统全面的营养学知识。美国1967年就设立了营养教育学会，营养课程从小学一年级到初中都有，每一年级都有明确的教学目标。日本的营养教育也从小学持续到高中，学生不仅要学习营养学知识，还学习营养配餐、饭菜烹调、饮食设计等内容（丁虹，2005）。美国政府为预防青少年出现营养不良制定了"营养午餐"计划，参加计划的学校负责提供能满足特定营养的午餐，然后可以从政府领到补助金和免费食品；设立了"特殊牛奶"计划，为没有参加营养午餐计划的孩子免费发放牛奶；推出了"夏日食品服务计划"，防止儿童在假期出现营养缺口。学校的营养午餐，不但可以为学生提供科学合理的膳食，还可以利用科学合理的午餐培养学生良好的饮食习惯。最近，为了改变青少年的饮食习惯，特别制定了"新鲜水果及蔬菜"计划，为在校学生提供包括新鲜水果和蔬菜在内的健康零食，帮助学生养成更健康的饮食习惯，对抗儿童肥胖及其带来的一系列问题（张伋等，2011；蒋与刚，2006）。台湾要求学校的营养午餐不但要安全卫生，还对营养状况就行了规定，例如，每份食品的能量不应超过250千卡，由脂肪所提供的热量应该在30%以下等。加强学校阶段的营养学教育，可以使学生掌握一定的营养学知识并养成良好的饮食习惯。

3. 加强食品营养学专业人才的培养

应该重视食品营养学科的发展，为社会培养更多的营养学方面的专业人才。培养的人才可以为医院、学校、社区、食品企业等地提供配餐指导、监测服务者的营养状况等服务。美国大学多数学校设有食品营养学科，通过系统地学习营养学课程，学生毕业后可成为营养技师，而营养师在美国地位备受尊崇，遍及美国的医药、保健、食品、饮食行业和科研、商业、传媒、政府等相关部门。特别是在食品行业，设置营养师成为通行的惯例，食品加工都在往营养设计、精制加工的方向发展，即按合理的营养构成来配制食品或制成某种专用食品，以提高其营养价值。而我国13亿人才有营养师2000多人，不能满足需要，亟须通过营养立法等手段，规范医院、社区、食品工业、饮食行业的营养师制度，为营养专业人才的就业明确方向和领域。

4. 引导消费者形成合理的饮食习惯

随着食品工业的发展，糖、油脂等价格便宜，味道好的食品原料越来越多地被添加到食品中，随之营养过剩已经成为影响公众健康的最主要因素，据统计营养过剩的人要比营养不良的人多30%（Lustig et al., 2012）。国外政府致力于制定去除食品中不必要的盐、糖和脂肪的政策，例如，食品中使用的氢化植物油是反式脂肪的最主要来源,而摄入过多的反式脂肪会增加低密度脂蛋白的水平,导致血管内皮紊乱,增加患冠心病的风险。美国膳食指南指出要将反式脂肪酸的含量降到尽可能低。美国食品药品监督管理局(FDA)要求反式脂肪酸必须标注在营养标签上,这一措施的实施使得每人每天的摄入量由 20 世纪 90 年代后期的 4.6 克降低至 2010 年的 1.3 克(Dietz and Scanlon, 2012)。目前,肥胖已经成为一些国家最严重的公共营养问题,据估计,美国每年肥胖相关的医疗花费高达 2097 亿美金。价格是影响食物选择的重要因素,肥胖的上升和碳酸饮料价格的下降与水果价格的上升有关。水果价格增长 10%,消费量就下降 5.8%(Powell et al., 2013)。对含糖饮料征税,补贴水果蔬菜有助于改变人们的饮食选择习惯。目前,丹麦推出了脂肪税,匈牙利和法国分别对垃圾食品和含糖饮料征税。实践和研究表明,对纯能量食品征收 20%的税,可以更好地改变人们的饮食习惯,征收的税款还可以用来资助饮食相关疾病的研究,支持健康食物的研发,刺激食品工业革命。

政府部门应该重视营养学知识的普及,建立风险监控机制,分析人群中不合理的饮食习俗,制定相关的引导政策。居民要更加关注自身的健康状况,摒弃不合理的饮食习惯,提升营养素养。通过政府和居民的共同努力,不断改善膳食结构,形成科学合理的饮食模式,预防并控制与营养素相关的慢性病的发生。

2.4.2 大力发展传统主食和菜肴的现代化制造

1. 发展传统主食和菜肴势在必行

传统食品是指历史悠久,用传统加工工艺生产,反映地方和民族特色的食品,它是一个民族长期适应的自然选择(王静和孙宝国,2011)。中华民族拥有 5000 多年的文明历程,经过数千年的经验总结,形成了营养均衡,符合中国人口味的传统食品。传统食品养育我们世代繁衍,是中华民族的宝贵遗产。发展传统食品,对改善居民的膳食结构,传承中华传统文化,促进农业发展具有重要意义。

1)传统食品的营养价值

早在 2000 多年以前的《黄帝内经》中就有"五谷为养,五果为助,五畜为益,五菜为充"的记载,这体现了中国传统饮食中平衡膳食的基本观点,也反映出我国传统食品是以植物性谷物食物为主,蔬菜水果和肉类作为补充的特点。而现代提出的居民膳食宝塔,同样是谷物食品位居底层,占膳食的比重最大,蔬菜和水果位于第二层,这与我国传统的饮食结构不谋而合。如果说中国传统食品是农耕文化的代表,讲究"饮食清淡,素食为主",西餐则是由游牧民族文化发展而来,主要以肉奶等动物性食品为原料,其特点是能量密度高,富含油脂和糖类,长期食用容易缺乏膳食纤维和必要维生素,同时还会引起肥胖、高血压等一系列疾病,现在国外学者都在积极倡导东方饮食习惯。

中国传统食品不但饮食结构合理，而且多数人在饮食上受宗教的禁忌约束较少，食材来源丰富，主食除常见的米饭、馒头、面条等外，还有荷面卷和各种杂粮粥、糕等，其中，八宝粥就是由红小豆、豇豆、莲子等八种谷物熬制而成。中国传统菜肴更是经过几千年的发展传承，形成了八大菜系，成千上万个品种。一盘木须肉中就会有黄瓜、木耳、鸡蛋、猪肉等多种食材。西方因为是游牧食文化传统，古时使用锅灶不便，食物的加工方式主要以烧烤为主，小麦中因为还有面筋蛋，可以在烘烤前先做成大块的面团，所以在古代，面包成为西方人们唯一的谷类主食，而其他谷物的利用则大大受限（李里特，2007）。如今，西餐的形式依然比较单一，主要以面包、烤肉、薯条为主。相比较而言，丰富的食材为中国传统食品提供了全面的营养元素。

中国传统食品的营养价值高是由其加工方式决定的。中国古代制陶和冶炼技术发达，青铜器、铁器等很早就用于炊事器具，形成了独特的蒸煮食品文化。早在《周书》中就有"黄帝始蒸谷为饭，煮谷为粥"的记载。中国传统主食中的馒头、包子和面条等都是蒸煮加工而成，而众多汤菜也是熬制得来。蒸煮加工温度容易控制，营养元素不会因高温而受到更多损失。蒸煮容易把加热温度控制在100℃左右，使馒头、包子等熟化时其中所含的烟酸基本不被破坏，若改成高温烘烤或油炸，食物中的游离型烟酸将损失一半左右。带馅的面制品如包子、饺子等是中国传统食品的一项伟大发明，可以包容诸菜，配餐方便，营养全面。带馅面制品的实现也是由蒸煮加工方式决定的，因为蒸煮可以做到无论食品大小，只要有足够的时间，都可实现内外的熟化。三明治虽然也有馅，但必须是将面包和肉馅分别烤好后，切开加上，不然即使外面烤焦，里面也可能还没熟（李里特，2007）。烤制还会造成食品加工过程中有害物质的产生，肉制品在烘烤过程中，若温度达到200℃以上，其中的有机物质就会受热分解，产生多环芳烃类化合物，而这类物质是国际公认的强致癌物质之一，会对人体健康带来严重损害，相比之下，蒸煮温度较低，可防止食品在加工过程中生成有害组分（冯云等，2009）。

大豆含有丰富的蛋白质，必需脂肪酸和大豆异黄酮等有益成分，但是没有加工的豆子不能引起人们的食欲，同时，大豆中含有很多如蛋白酶抑制因子、植酸等抗营养因子，直接食用将降低对大豆中有益营养元素的利用。我们的祖先将豆子磨成豆浆，加热煮开后，有效释放了大豆中的营养元素并破坏了抗营养因子，经过石膏或卤水的点化，变成豆腐。豆腐的发明使得大豆成为中国居民几千年来较为廉价的蛋白来源，民间就有"可一日无肉，不可一日无豆"的说法。经加工后的豆浆和豆腐的营养价值并不亚于牛奶，豆腐中蛋白质和钙的含量接近牛奶，而铁的含量确是牛奶的10~20倍以上，豆浆中的脂肪含有较大比例的不饱和脂肪酸，而牛奶中主要以饱和脂肪为主。除了豆腐外，中国人还将大豆发酵得到了豆豉、腐乳等产品，近年来科学家发现大豆蛋白经发酵水解后产生的多肽具有抗氧化、降血压、提高免疫力等多种功能，而中国像豆豉、腐乳这样的传统发酵豆制品中就含有活性很高的大豆多肽。发酵还可以使大豆中异黄酮转化成苷元型，而苷元型异黄酮有更强的抗癌和抗氧化功能（李里特，2004）。可以说中国传统的加工方式成就了大豆在传统饮食中的地位。

另外，中国传统食品讲究"天人合一，药食同源"，中国传统食品中使用的原材料就具有很多保健功能。以中国人最喜爱的饮品茶为例，茶叶中含有儿茶素、类黄酮等多种酚类化合物，具有清除体内活性氧自由基、抗肿瘤、抗动脉粥样硬化、杀菌抗病毒等多种功能。茶叶中还含有咖啡因，具有提神、促进血液循环、降低胆固醇、促消化及利尿等功效。我国传统医学很早就发现银杏具有药用价值，研究表明银杏叶中含有较高的黄酮类化合物，具有改善心脑血管循环、清除自由基、保护神经系统等功效（周鹏等，2009）。大枣作为药食两用的食材在我国有4000多年种植的历史，许多传统食品都以大枣为原料，大枣中含有的维生素C和多酚具有抗氧化作用，大枣多糖可以保肝护肝，大枣中含有的环磷酸腺苷作为第二信使参与细胞的分裂分化，具有抗肿瘤作用。可以说，中国的食养文化为中国传统食品的营养价值添上了浓墨重彩的一笔。

2）传统食品的经济价值

农业是国民经济的基础行业，"通过餐桌指导田头"说明饮食习惯和农业之间的紧密关系。将农产品加工成食品后，附加值大幅增加。美国是玉米生产、加工和消费大国，产量约占世界总产量的40%，玉米加工为美国带来巨大的经济效益（魏益民，2004）。因为传统食品的原料一般来自本地的农产品，发展传统食品对保护本国农业安全具有重要意义。例如，中国产的小麦因面筋含量低，更适合加工成馒头、包子等产品（李里特，2010），而做面包则没有优势，如果中国发展面包产业，势必要从国外进口更多的小麦。中国是大豆的原产国，然而近年来大豆产业正受到来自美国、巴西等转基因大豆的冲击。转基因大豆含油高，价格低，榨油企业更愿意从国外进口转基因大豆，造成种植大豆的农民连年亏损，放弃种植，这严重影响了我国的大豆安全。而我国种植的大豆都是非转基因大豆，蛋白含量高，更适合中国传统豆制品的加工，发展传统食品加工业，可以从某种程度上提升国产大豆的竞争力。

"一方水土养一方人"，中国人更习惯吃中国口味的传统食品，挖掘我国优良传统美食，往往给企业带来意想不到的效益。统一企业食品有限公司发现老坛酸菜深受西南地区人民的喜爱，于是结合传统老坛酸菜制作，开发出老坛酸菜系列风味方便面，为企业创造出新的利润增长点，截至2012年年底老坛酸菜系列方便面累计为"统一"新增营业收入100亿。老坛酸菜面的成功，引来其他企业纷纷模仿，2012年老坛酸菜方便面占市场份额的15.4%，带动整个方便面行业成长19.8%。

3) 传统食品的文化价值

饮食不仅可以满足人们的营养需要，还具有文化属性。在传统节日中，特定的食品成了文化的载体。元宵节吃汤圆象征着一家人团团圆圆，过年的餐桌上必须有鱼制作的菜肴寓意年年有余，饺子年糕更是春节的象征。不同的食品还被赋予了不同的文化内涵，例如，中国人过生日喜欢吃长寿面，以求健康长寿。某些食品禁忌，甚至成了一些民族宗教的原则，如佛教不吃荤、伊斯兰教不吃猪肉。

"五里不同风，十里不同俗"，各国在发展过程中形成了独特的饮食文化，如美国的热狗、意大利的比萨、日本的寿司等，这些食品往往成为国家的象征。各国都十分珍视自己的文化，甚至把它作为维护民族权益，保护本国农业的战略。最典型的是日本，尽管英、美等国把吃生鱼、生肉看成是原始落后的饮食方式，然而日本人通过不断丰富其形式，最终赢得了世界的认可。

对待传统食品的态度反映出的是民族自豪感。如今在中国，西式快餐开遍大江南北，西式火腿取代了腊肉，甚至中国人发明的面条也得挂上美国加州面的招牌才好叫卖，传统食品正遭遇现代的挑战，这从一个侧面反映出人们对传统文化的不自信。反观韩国，泡菜作为韩国传统发酵食品，历史上是草根阶级的代表食物，由于风味古怪，韩国人一开始不敢向外宣传和推广泡菜。随着韩国经济的腾飞，民族自豪感不断增强，韩国泡菜变成了健康的高级食材。韩国政府还打算申请人类非物质文化遗产，将泡菜文化推向世界。日本人也认为自己民族的食品才是最好的，在明治维新前日本人不吃牛肉，后来从欧美传进了牛肉的吃法，但他们并没有把美国牛肉定位为高档，而是把本民族喜欢的"和牛"推为高级品，以至于在后来的牛肉贸易大战中可以与美国抗衡。日本人把泰国香米称为老鼠尿米，而中国却跟着泰国商家把那种异味米说成是香米、高档米，成为追捧对象（李里特，2003）。中国经济不断发展，应该重视传统食品的推广，迎接来自世界的挑战。

2. 发展传统主食和菜肴现代化势在必行

1) 实现传统食品的批量化、规模化和标准化生产

中国传统食品大多为手工制作，现做现卖，只有酱油、醋、葡萄酒、酸奶等发酵产品实现了高度工业化。饺子、馒头等传统主食虽然有机械化生产，但是由于机械设备水平低，生产出的产品和手工之间还有质量上的差距。中国传统食品机械化水平低，加工方法落后，加工规模小，导致生产效率低下，同时由于缺少技术标准，最终产品质量良莠不齐，达不到质量要求。韩国泡菜本来也是一家一户手工生产，但现在韩国研发出生产流水线，实现了批量化、规模化、标准化生产。传统食品的机械化生产可以提高效率，降低生产成本，保证产品质量。

2）保证传统食品安全性

传统食品从流传至今，经过长期食用检验，应当具有高度的安全性。然而，中国传统食品生产企业规模普遍偏小，一般以家庭作坊、小店铺和小工厂为主，由于生产条件简陋，食品加工环境差，加之没有规范的操作流程，生产者食品安全观念淡薄，中国传统食品存在很多卫生安全隐患，容易引发食品安全事件（孙宝国和王静，2013）。例如，传统的腌熏烤食品没有严格的制作规范，全凭生产者的经验，造成上述食品在生产过程中可能出现对人体有害的物质。纳豆营养丰富、易消化，是日本的传统食品，传统纳豆生产用稻草包裹，卫生状况不佳，大多数人不愿食用。如今通过改进工艺，纳豆已实现工业化生产。要实现中国传统食品的现代化，必须建立传统食品生产各个环节的安全卫生标准、质量标准和产品标准，只有这样才能保证传统食品独特的风味和统一的品质，才能使传统食品走出国门，增加国际竞争力，扩大传统食品在国际上的影响。

3）加强传统食品生产中科学问题研究

中国传统食品的生产多靠经验，师傅带徒弟，知其然不知其所以然。例如，由于人们对发酵过程中背景知识的匮乏，主观因素和环境对发酵的影响不明确，造成不同地点，不同批次产品的品质、风味差异较大。部分工序仅凭经验操作而没有具体控制指标，对发酵过程中物质的动态变化和风味变化研究不透彻。传统主食在加工后的保藏过程中存在老化、霉变、复蒸性、复水性、安全性等几个急需解决的关键问题，这些问题已成为我国传统主食产业化发展的瓶颈（王静和孙宝国，2011）。要实现传统食品的现代化，必须对生产过程中的基本科学问题进行研究。

4）改进传统食品生产工艺

传统酱油生产是由霉菌发酵得到，通过对传统工艺的改进，在酱油发酵过程中添加不同酶制剂，采用"半曲半酶法""中间补酶法"等方法生产酱油，提高了酱油的质量及产品出品率，降低了生产成本（周鹏等，2009）。传统腐乳通常含有很高的盐分，与如今提倡的食品中去盐化相悖，然而一定的食盐含量对保持腐乳的风味和质构，以及在后发酵阶段防止蛋白质被过度分解和延长腐乳的保质期有重要作用。腐乳低盐化会引起产品酥烂易碎、发酸发臭、保质期短等问题，因此，在开发低盐化腐乳时应注重对改善产品风味及延长产品保质期的研究。一些传统烘焙食品，具有高糖、高脂肪、高热量等特点。而这些与现代人追求健康饮食理念相悖，如何在保留传统口味的基础上，开发适应现代人要求的食品，是对传统食品工艺的挑战。

5）传统菜肴现代化

由于生活节奏的加快，我国居民花在烹饪上的时间越来越少已经是不争的事实，同时随着餐饮业实现标准化，中餐菜肴的工业化是大势所趋。目前，有一部分传统菜肴已经工业化生产，如红烧肉类、汤类等炖制类产品，其包装形式主要是可杀菌的铁皮罐、玻璃罐或软包装袋。然而许多传统中式菜肴靠的是技艺和经验，缺乏完善的质量体系标准，导致产品稳定性差，质量得不到保障，工业化较困难。同样都叫北京烤鸭，但其滋味和质量千差万别（王静和孙宝国，2011）。

传统菜肴工业化，可首先实现菜肴素材配料的工业化，家庭或餐饮企业购买后经简单的烹饪程序即可食用。鲜切果蔬是指将新鲜果蔬经清洗、切割、处理、包装后可100%直接利用的产品，可以直接用于菜肴配料，具有方便、卫生等特点。在美国，鲜切果蔬的销售额占其农产品销售额的25%以上。目前，国内鲜切果蔬的生产刚刚起步，但随着人们生活方式的转变，这种购买后可直接食用的产品逐渐受到消费者的青睐，这为鲜切果蔬的发展提供了广阔的空间。鲜切果蔬方便即食，便于营养搭配，可以满足人们现代生活方式的要求，具有广阔的应用前景。同时，鲜切果蔬一般附加值较高，因此，发展鲜切加工业，具有显著的经济效益。鲜切果蔬具有100%可食用的特点，可以减少家庭厨余垃圾的产生，同时有利于果蔬废弃物的综合利用，具有良好的环境效益。

2.4.3 大力发展薯类及特种粮食作物的加工

甘薯是旋花科一年生或多年生草本植物，原产于墨西哥、哥伦比亚一带，具有耐旱、适应性强、易栽培、可在贫瘠土壤种植等特点（何胜生，2006）。甘薯可与玉米等作物套种，与粮争地的问题不十分突出，单位面积产量高，为玉米的2～3倍。联合国粮食及农业组织认为，甘薯是21世纪解决粮食短缺和能源问题最有希望的农作物（王守经等，2009）。甘薯对地面覆盖能力强，具有较强的抗水土流失和防风沙产生能力。发展甘薯种植业对增加粮食产量、促进农民增收、改善生态环境具有一定意义。

马铃薯俗称洋芋、山药蛋、土豆，它耐旱、耐瘠薄、高产、适应性强，是世界上仅次于小麦、水稻和玉米的第四大作物（李城德和蒋春明，2006）。我国马铃薯种植主要分布在广大中西部地区，在主产区马铃薯种植成为当地的特色农业，当地农民三分之一的纯收入来自于此。发展马铃薯种植和加工在促进农村经济发展、保障国家粮食安全、解决农村就业和发展生物质能源方面具有重要作用。

高粱、荞麦、小米等是特种粮食是我国部分地区的特色农作物，其具有生长期短、耐旱耐涝等特点，在弥补自然灾害所导致的大宗粮食减产方面功不可没，同时也是维持中国粮食供求平衡的重要组成部分（陈永福和刘春成，2008）。特种粮食营养丰富可以与大宗粮食互补，但是由于口感和烹饪的不方便，我国居民的薯类和杂粮摄入量近几十年来却在持续下降。因此，大力发展薯类及特种粮食作物的加工可以方便人们的摄取，有助于体内营养素的平衡，避免慢性疾病的发生。

1. 薯类和特种粮食的营养价值

甘薯蛋白质含量一般为 1.5%，其氨基酸组成与大米相似，脂肪含量仅为 0.2%，碳水化合物含量高达 25%。甘薯中胡萝卜素、维生素 B_1、维生素 B_2、维生素 C、烟酸含量比谷类高。甘薯富含膳食纤维，可促进胃肠蠕动，防止便秘，易产生饱腹感，有助于控制热量的摄入，从而减少血脂异常、糖尿病、肥胖等慢性疾病的发生。

紫薯是甘薯的新品种，因皮呈紫黑色、肉质呈紫色至深紫色而得名。紫薯不仅拥有普通甘薯的营养元素，还含有丰富的花青素。紫薯的颜色主要就是由花青素产生的，花青素是一种天然高效的自由基清除剂，可以清除体内多余自由基，具有抗氧化、抗肿瘤、预防和治疗心脑血管疾病等功效（杨巍等，2011）。此外，紫薯中含有的糖蛋白，可以预防心血管中的脂肪沉积，维持动脉血管的弹性，还可以预防肝脏和肾脏中结缔组织的萎缩，对呼吸道及关节腔具有润滑作用（高玥，2013）。

马铃薯被誉为"地下苹果""第二面包"，营养丰富。马铃薯中的淀粉主要以直链淀粉为主，容易被人体消化吸收，所含氨基酸中赖氨酸和色氨酸含量高，正好可以和谷物形成互补作用。马铃薯属于低脂肪低热量食物，许多国家将马铃薯开发成减肥食品，法国还成立了马铃薯减肥餐厅，如今已发展到 70 家，深受人们的欢迎（宋国安，2004）。

莜麦、荞麦、小米等是我国部分地区的特色农作物，其蛋白质中氨基酸组成比大米和小麦更平衡，维生素和矿物质的含量也略高于大米和小麦。除此之外，这些特种作物往往含有具有生物活性的功能因子。例如，燕麦中含有丰富的膳食纤维，已成为世界谷物早餐食品与营养保健食品的代名词。荞麦多肽具有降血压功效（谭斌等，2008）。小米中富含小米黄色素可以保护视觉、提高人体免疫力，同时还具有维护上皮细胞的作用，对口腔溃疡、皮肤病等都有很好的疗效。小米黄色素还可以淬灭体内过多自由基，防止癌症发生（杨延兵等，2012）。

2. 发展薯类和特种粮食精深加工技术

与国外相比，我国马铃薯深加工起步较晚，78%的马铃薯主要用于鲜食，而由于收获、储运设备落后，马铃薯在收获过程中出现伤痕，储藏过程中又有 8% 左右的马铃薯因腐烂而损失。马铃薯加工产品主要有马铃薯淀粉、冷冻薯条、粉丝、粉皮等，这类产品多属于低级产品，科技含量低，生产过程中产生废水多，污染严重。部分马铃薯被加工成油炸薯片，在制作过程中马铃薯营养成分受到破坏，同时油脂含量大大增加，高温加热还会产生致癌物质，不符合现阶段人们对健康食物的追求。发展马铃薯精深加工，开发附加值高的、健康的产品显得尤为重要。马铃薯变性淀粉是具有高附加值的产品之一，它以淀粉为原料，经理化方法或酶制剂改性，生产出具有不同溶解度、黏度等性能的淀粉衍生物，变性淀粉可用于食品加工、纺织、造纸等行业（鲁述霞，2010），市场前景广阔。目前，马铃薯制作的方便食品和主食产品品种较单一，应结合马铃薯的加工特性，创新出更多食品品种，满足人们的需求。马铃薯鲜食主要以块茎形式供应，消费者食用前还要清洗、去皮、切丝，应开发马铃薯鲜切菜肴，研发控制褐变和微生物污染的技术，以方便消费者食用。马铃薯在加工过程中产生很多废水、废料，造成了资源的浪费和环境污染，应加强对生产过程中副产物的利用，开发出高纤维的健康食品，提高资源利用率。

我国甘薯种植面积和产量虽然位居世界第一，但我国甘薯深加工利用率低，一大半产品用于动物饲料，用于加工的仅占15%（渠琛玲等，2010）。加工产品也处于初级阶段，多采用传统方法加工，先进技术和设备应用较少。例如，甘薯淀粉的生产，许多地方仍沿用传统加工方法，机械化程度低，生产的产品质量差且不稳定。粉丝、粉条等也多为家庭作坊生产为主，劳动强度大，资源利用效率低，浪费和污染严重（王守经等，2009）。因此，如何提高甘薯利用效率，提升附加值，是甘薯加工业面临的首要问题。随着人们对甘薯营养和保健价值的深入认识，提取甘薯中的生物活性成分，研制开发美容养颜、抗衰老等食品具有巨大的市场潜力。目前，关于甘薯茎叶的利用还较少，大部分用作饲料，少数地区当做蔬菜，有的甚至直接丢弃在田中。最近的研究表明，甘薯叶中含有抗氧化成分。利用甘薯茎叶制作食品或提取功能因子，可以提高甘薯副产物的利用率，提升甘薯的综合利用价值。受储藏条件和设备的限制，我国甘薯在储藏过程中损失15%。储藏技术的落后，还限制了甘薯的加工周期，造成设备的闲置，发展甘薯采后综合储藏技术也是提高甘薯加工水平的重要保障。

我国高粱、荞麦、小米等杂粮的加工同样面临着企业规模小、技术水平低、设备落后、初级加工产品多、原料质量不稳定等问题。发展杂粮的深加工，同样要加强加工装备和新产品的研究开发，发展相应技术，提高杂粮的口感，消除抗营养因子，使杂粮更易消化吸收。研究杂粮生物活性成分分离技术，最大限度保留杂粮中的功能性成分。根据市场需要，开发出药食兼用、具有保健功能的杂粮功能食品（谭斌等，2008）。

2.4.4 大力发展可减少营养素损耗的新工艺、新技术

在食品加工过程中，原材料中的营养素会遭受不同程度的损失。随着科学的发展，各种高新技术不断涌现，不仅可以减少传统工艺中的营养损失，还可以提高生产率和原材料的利用率，改善食品品质。例如，超微粉碎技术，可以将粒径

为 3 毫米以上的物料粉碎至 10~25 微米以下的微细颗粒，随着物质粒度的超微化，其表面分子排列、电子分布结构及晶体结构均发生了变化，产生普通粒度的物料所不具备的表面效应、小尺寸效应、量子效应和宏观量子隧道效应，产生一系列优异的物理、化学、界面性质，从而有利于增加物料的吸收利用率。许多可食动植物、微生物原料都可用超微粉碎设备加工成超微粉，甚至有些动植物的不可食部分也可以通过超微化后被人所吸收，因而达到提高资源的利用率、节约资源、扩大食用资源的目的。

微胶囊技术是当今世界上的一种新颖而又迅速发展的高新技术，是指利用天然或合成的高分子包囊材料，将固体、液体或气体的微小囊核物质包覆形成直径为 1~5000 微米的一种具有半透明或密封囊膜的微型胶囊技术。微胶囊技术可以改变被包裹食品的性质，如溶解性、反应性、耐热性和储藏性等；可以使不易加工储存的气体或液体转化成稳定的固体形式，防止或延缓产品劣变发生；还可以有效减少物料与外界不良因素的接触，最大限度地保持其原有的营养物质、色香味和生物活性，且有缓释功能，例如，将乳酸菌包埋后可以使其避开胃部高酸性的环境，顺利抵达肠道（孙传范，2010）。

超高压处理是指使食品处在极高的压力下（如 100~1000 兆帕）使微生物灭活或食品改性的物理过程（杨瑞学，2012）。一般认为超高压可以改变微生物的细胞壁形态，降低细胞膜的流动性，引起细胞内部物质发生生化反应或使基因机制发生改变，从而导致微生物失去活性（周民生等，2012）。相比热力杀菌，超高压技术可以保持食品原料的风味和色泽，不会产生不良风味，同时抑制某些有害物质的产生。超高压处理时压力传递均匀，所以超高压食品内部灭菌效果均一（杨瑞学，2012）。超高压不但可以用于食品杀菌，还可以用于材料渗透性脱水前预处理和食品中功能成分的提取等方面（周林燕等，2009）。

其他高新技术还有高压水切割技术、膜技术、真空冷冻干燥技术、微波技术、超临界萃取技术、分子蒸馏技术、纳米技术、挤压膨化技术、真空油炸技术、辐照技术、超高温杀菌技术等，都有着十分广阔的应用前景。

食品在加工过程中会出现营养素的损失，有的食品本身就缺乏某些营养素使其营养价值大打折扣，需要在加工过程中添加一种或多种营养素，以提高食品营养价值，这一过程就是食品营养强化。食品营养强化是改善居民公众营养的基本途径之一。1996 年，我国立法推动碘盐供应，用了不到 10 年的时间覆盖了全国 90%的人口，成为世界上通过食盐碘强化预防碘缺乏疾病的典范。如今，在强化传统营养素如维生素、矿物质的同时，一些功能性的营养成分如二十二碳六烯酸（DHA）、膳食纤维等也常常被用于营养强化中。

发展营养强化技术，要做好消费调查，科学设计强化量，防止强化过量，过犹不及。美国是较早进行食品强化的国家之一，食品强化使美国居民的营养状况得到了改善。例如，碘盐的强化使甲状腺肿大的发病率由 38.6%下降至 9%，铁的强化使儿童贫血病下降了 50%。然而随着强化食品种类的增多，1980 年 FDA 的调查报告发现许多强化是多余的。例如，铁的过量强化，会导致含血色素沉积病基因的人铁摄入过量，过量的铁还会产生自由基，有可能会导致心脏病的发生，在人群中含有这种基因的比例为 0.2%~0.5%。强化叶酸造成 2.6 亿的美国人摄入过多的叶酸，从而导致在老年时缺维生素 B_{12} 不易被发现。在大规模营养调查的基础上，美国已经决定降低食品中强化营养素的添加量，同时开发针对特定人群的强化食品，减少一般人群不必要的摄入（Backstrand，2002）。

第3章 中国与发达国家农产品加工中政府公共投入和企业发展情况

3.1 中国农产品加工中政府公共投入情况

3.1.1 近年中国研究与试验发展经费支出情况

1. 总体情况

依据国家统计局发布的 2013 年国民经济和社会发展统计公报,2013 年全年国内生产总值为 568845 亿元,全年全国公共财政收入为 129143 亿元,比上年增加 11889 亿元,增长了 10.1%;全年研究与试验发展(R&D)经费支出为 11906 亿元,比上年增长 15.6%,占国内生产总值的 2.09%,其中,基础研究经费为 569 亿元。全年国家安排了 3543 项科技支撑计划课题,2118 项"863"计划课题。累计建设国家工程研究中心 132 个,国家工程实验室 143 个,国家认定企业技术中心达到 1002 家。而在 2012 年,全国共投入研究与试验发展(R&D)经费为 10298.4 亿元,比 2011 年增加 1611.4 亿元,增长了 18.5%,比 2006 年增长了 50%;研究与试验发展(R&D)经费投入强度(与国内生产总值 GDP 之比)为 1.98%,比 2011 年的 1.84%提高了 0.14 个百分点(图 3.1)。

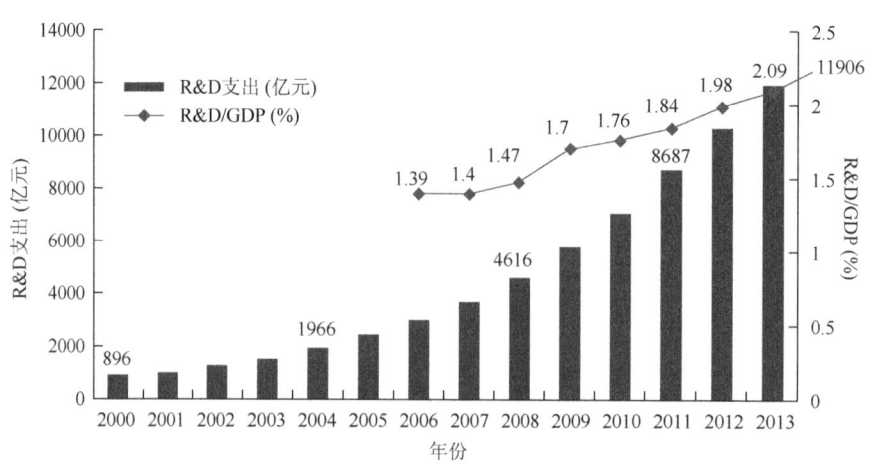

图 3.1 2000~2013 年全国 R&D 费用支出情况

2. 经费支出类型

2012年全国用于基础研究的经费支出为498.8亿元,比上年增长21.1%;应用研究经费支出1162亿元,增长13%;试验发展经费支出8637.6亿元,增长19.2%。基础研究、应用研究和试验发展占研究与试验发展(R&D)经费总支出的比重分别为4.8%、11.3%和83.9%。

3. 经费来源和执行部门

按照来源看,2011年全国R&D经费8687亿元的支出中,企业投入为6420.6亿元,占比73.9%,政府投入为1883亿元,占比21.7%,国外投入为116.2亿元,占比1.3%(表3.1)。

从执行部门看,2011年企业为6579.3亿元,占比75.7%,研究机构为1306.7亿元,占比15.0%,高校为688.9亿元,占比7.9%,其他事业单位为112.1亿元,占比1.3%(表3.1)。2012年各类企业经费支出为7842.2亿元,比上年增长19.2%;政府属研究机构经费支出1548.9亿元,增长18.5%;高等学校经费支出780.6亿元,增长13.3%。企业、政府属研究机构和高等学校经费支出所占比重分别为76.2%、15%和7.6%。

表 3.1　2011年全国R&D经费支出按来源和执行部门分　(单位:亿元)

经费来源/执行部门	合计	企业	研究机构	高校	其他事业单位
企业	6420.6	6118.0	39.9	242.9	19.8
政府	1883.0	288.5	1106.1	405.1	83.2
国外	116.2	104.7	4.9	6.0	0.7
其他	267.2	68.1	155.8	34.8	—
合计	8687.0	6579.3	1306.7	688.9	112.1

4. 各行业经费投入情况

2012年研究与试验发展(R&D)经费投入超过200亿元的行业大类有10个,这10个行业的研发费用占全部规模以上工业企业的比重达73.9%;研发经费投入强度(与主营业务收入之比)超过1%的行业大类有8个,而农副食品加工业和食品制造业的投入强度分别为0.26%和0.55%(表3.2)。

5. 各地区经费支出情况

2012年研究与试验发展(R&D)经费支出超过500亿元的有江苏、广东、北京、山东、浙江和上海6个省份,共支出6009.9亿元,占全国经费总支出的58.4%。研究与试验发展(R&D)经费投入强度(与地区生产总值之比)达到或超过全国平均水平的有北京、上海、天津、江苏、广东、浙江、山东和陕西8个省份(表3.3)。

表 3.2 2012 年分行业规模以上工业企业 R&D 经费情况

行业	经费投入（亿元）	投入强度（%）	行业	经费投入（亿元）	投入强度（%）
采矿业	**280.0**	**0.45**	化学原料和化学制品制造业	554.7	0.82
煤炭开采和洗选业	157.9	0.46	医药制造业	283.3	1.63
石油和天然气开采业	86.2	0.74	化学纤维制造业	63.4	0.94
黑色金属矿采选业	6.1	0.07	橡胶和塑料制品业	173.0	0.72
有色金属矿采选业	22.1	0.39	非金属矿物制品业	162.5	0.37
非金属矿采选业	7.7	0.18	黑色金属冶炼和压延加工业	627.9	0.88
制造业	**6821.6**	**0.85**	有色金属冶炼和压延加工业	271.1	0.66
农副食品加工业	135.7	0.26	金属制品业	187.3	0.64
食品制造业	86.9	0.55	通用设备制造业	472.0	1.24
酒、饮料和精制茶制造业	80.1	0.59	专用设备制造业	425.0	1.48
烟草制品业	19.8	0.26	汽车制造业	572.9	1.12
纺织业	138.0	0.43	铁路、船舶、航空航天和其他运输设备制造业	342.8	2.18
纺织服装、服饰业	55.6	0.32	电气机械和器材制造业	704.3	1.29
皮革、毛皮、羽毛及其制品和制鞋业	27.5	0.24	计算机、通信和其他电子设备制造业	1064.8	1.51
木材加工和木、竹、藤、棕、草制品业	18.7	0.18	仪器仪表制造业	124.1	1.86
家具制造业	14.5	0.25	**电力、热力、燃气及水生产和供应业**	**52.1**	**0.09**
造纸和纸制品业	75.8	0.61	电力、热力生产和供应业	46.8	0.09
印刷和记录媒介复制业	24.4	0.54	燃气生产和供应业	2.0	0.06
文教、工美、体育和娱乐用品制造业	33.9	0.33	水的生产和供应业	3.3	0.26
石油加工、炼焦和核燃料加工业	81.6	0.21	合　计	7153.7	0.77

注：本表中工业行业分类按国民经济行业分类（GB/T4754—2011）标准划分

表 3.3 2012 年各地区研究与试验发展（R&D）经费支出情况

地区	R&D 经费支出（亿元）	R&D 经费投入强度（%）
全国	10298.4	1.98
北京	1063.4	5.95
天津	360.5	2.80
河北	245.8	0.92
山西	132.3	1.09

续表

地区	R&D 经费支出（亿元）	R&D 经费投入强度（%）
内蒙古	101.4	0.64
辽宁	390.9	1.57
吉林	109.8	0.92
黑龙江	146.0	1.07
上海	679.5	3.37
江苏	1287.9	2.38
浙江	722.6	2.08
安徽	281.8	1.64
福建	271.0	1.38
江西	113.7	0.88
山东	1020.3	2.04
河南	310.8	1.05
湖北	384.5	1.73
湖南	287.7	1.30
广东	1236.2	2.17
广西	97.2	0.75
海南	13.7	0.48
重庆	159.8	1.40
四川	350.9	1.47
贵州	41.7	0.61
云南	68.8	0.67
西藏	1.8	0.25
陕西	287.2	1.99
甘肃	60.5	1.07
青海	13.1	0.69
宁夏	18.2	0.78
新疆	39.7	0.53

6. 国家科技财政拨款及占国家财政总支出的比值

2000~2011 年我国国家科技财政拨款呈逐年上升的趋势，从 2000 年的 576 亿元增加至 2011 年的 4903 亿元。2006~2011 年我国国家科技财政拨款占国家财政总支出的比值基本稳定在 4.18%~4.58%（图 3.2）。

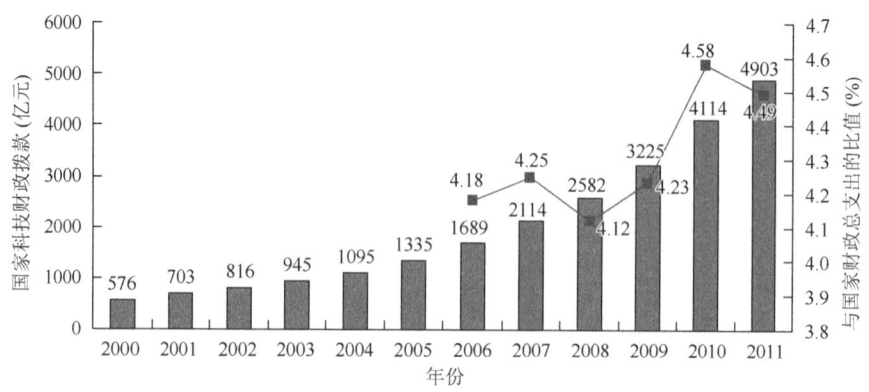

图 3.2 国家科技财政拨款及占国家财政总支出的比值

7. 2001~2011 年中央和地方财政科技拨款

2001~2011 年我国中央财政科技拨款基本呈逐年下降的趋势，从 2001 年的 63.2%下降至 2011 年的 50.4%；而 2001~2011 年我国地方财政科技拨款呈逐年上升的趋势，从 2001 年的 36.8%上升至 49.6%（图 3.3）。

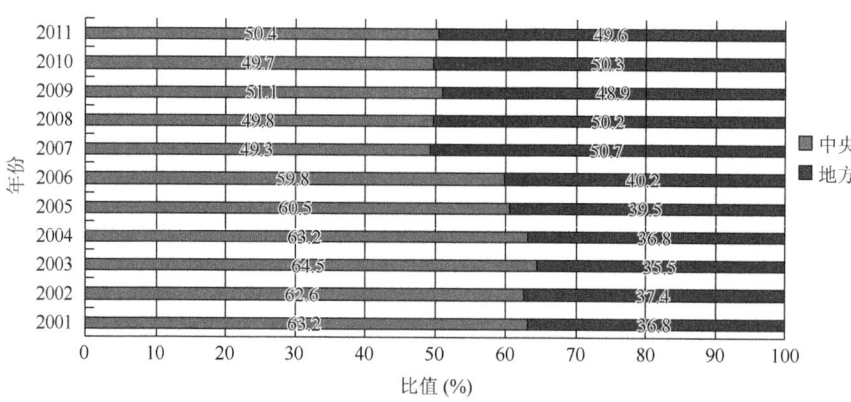

图 3.3 2001~2011 年中央和地方财政科技拨款

8. 2011 年全国地方财政科技拨款及占地方财政总拨款比例情况

2011 年我国地方财政科技拨款 1885.88 亿元（表 3.4），其中，北京、上海、江苏、浙江、山东和广东 6 个省份的财政科技拨款分别是 183.1 亿元、218.5 亿元、213.4 亿元、143.9 亿元、108.6 亿元和 203.9 亿元，均超过了 100 亿元。财政科技拨款占各自省份财政总拨款的比例排在前 6 位的省份分别为北京、上海、浙江、江苏、天津和广东，其财政科技拨款占各自省份财政总拨款的比例分别为 5.64%、5.58%、3.74%、3.43%、3.35%和 3.04%。

表 3.4 2011 年全国地方财政科技拨款及占地方财政总拨款比例情况

地区	拨款(百万元)	比例(%)	地区	拨款(百万元)	比例(%)	地区	拨款(百万元)	比例(%)
北京	18307	5.64	安徽	7703	2.33	四川	4575	0.98
天津	6017	3.35	福建	4048	1.84	贵州	2168	0.96
河北	3322	0.94	江西	2132	0.84	云南	2830	0.97
山西	2717	1.15	山东	10862	2.17	西藏	338	0.45
内蒙古	2821	0.94	河南	5659	1.33	陕西	2901	0.99
辽宁	8720	2.23	湖北	4419	1.37	甘肃	1322	0.74
吉林	2118	0.96	湖南	4196	1.19	青海	376	0.39
黑龙江	3323	1.19	广东	20392	3.04	宁夏	787	1.11
上海	21850	5.58	广西	2825	1.11	新疆	2643	1.16
江苏	21340	3.43	海南	983	1.26	合计	188588	2.03
浙江	14390	3.74	重庆	2504	0.97			

9. 按行业分大中型企业新产品项目数及新产品经费情况

2005~2012 年我国大中型工业企业新产品项目数呈逐年增长的趋势，从 2005 年的 8.10 万项增加至 2012 年的 21.07 万项（图 3.4）。2008~2010 年我国农副产品加工业中型企业项目数占总项目的比例从 0.98%上升至 1.12%，而 2008~2010 年我国食品制造业中型工业企业新产品项目数占总项目的比例从 1.27%下降至 1.13%。

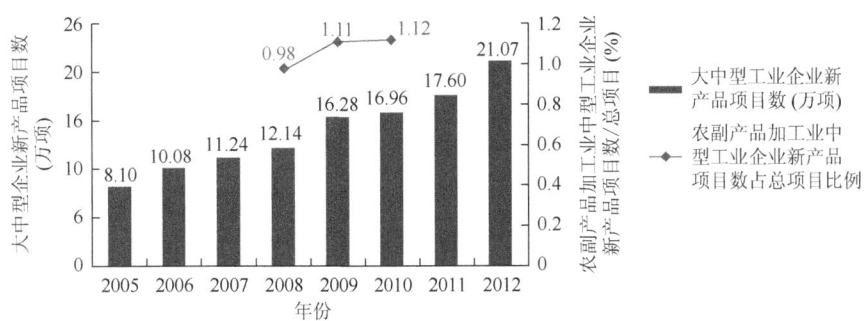

图 3.4 2005~2012 年大中型工业企业新产品项目数

2005~2012 年我国大中型工业企业开发新产品经费从 1460 亿元增加至 6570 亿元（图 3.5）。而 2008~2010 年，我国农副产品加工业中型企业开发新产品经费占总经费比例分别为 1.13%、1.27%和 1.18%。2008~2010 年，我国食品制造业中型企业开发新产品经费占总经费比例分别为 0.67%、1.00%和 0.91%。

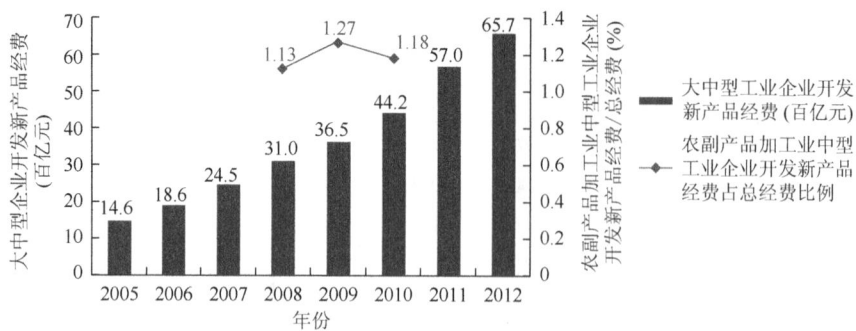

图 3.5 2005~2012 年大中型工业企业新产品经费

10. 按行业分大中型企业研究与试验发展项目数及经费支出

2005~2012 年我国按行业分大中型工业企业研究与试验发展项目数呈上升趋势,从 2005 年的 7.06 万项上升至 2012 年的 19.28 万项(图 3.6)。2008~2010 年我国农副食品加工业中型工业企业研究与试验发展项目数占总经费比例从 0.79%上升至 1.11%,而 2008~2010 年我国食品制造业中型工业企业研究与发展项目数占总经费比例从 1.02%上升至 1.25%。

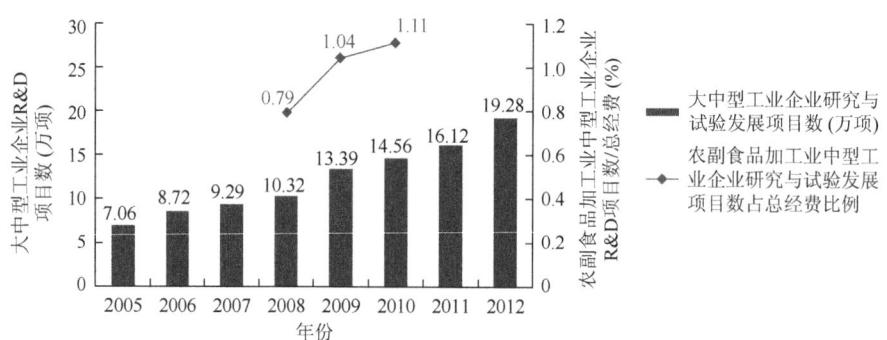

图 3.6 2005~2012 年大中型工业企业研究与试验发展项目数

2005~2012 年我国大中型企业研究与试验发展经费支出呈逐年上升的趋势,从 2005 年的 1250 亿元增加至 2012 年的 5990 亿元(图 3.7)。2005~2010 年我国农副食品加工业中型工业企业研究与试验发展经费支出占总支出的比例在 0.70%~1.19%,呈逐年递增的趋势。2005~2010 年我国食品制造业中型工业企业研究与试验发展经费支出占总支出的比例从 0.66%增加至 0.97%。

11. 部分典型企业的 R&D 投入情况

1)中粮集团

中粮集团注重企业的创新能力建设,拥有国家级企业技术中心 3 个、国家工程实验室 2 个、国家级工程研究中心 1 个、国家级检测中心 3 个、国家级研究中

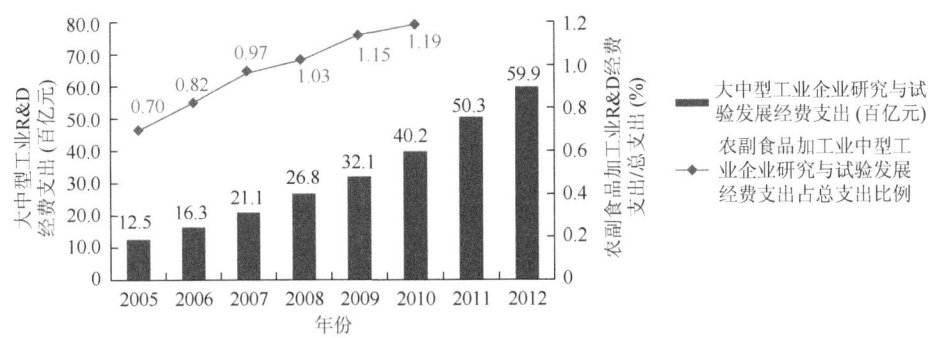

图 3.7 2005~2012 年大中型工业企业研究与试验发展经费支出

心 1 个、博士后科研工作站 3 个,并建设有中粮营养健康研究院。中粮营养健康研究院是中粮集团深入贯彻落实中央建设创新型国家战略部署,加快引进海外高层次人才,加大科技创新力度,打造具有国际水准的全产业链粮油食品企业的政策,而在北京未来科技城建设的世界一流的人才创新创业基地。目前,拥有研发人员近 200 人,"千人计划"专家 4 人。研究院立足生命科学、致力营养健康,以提高中国人的寿命为目的,通过创新能力建设,集团已逐渐形成加工应用技术、生物技术、食品与消费科学、食品质量与安全、营养与新陈代谢、知识管理、新产品研发等七大研发板块,其创新文化与创新模式也日益凸显。

集团主要技术以自主研发、合作研发为主,以购买技术、引进技术设备为辅。集团主要创新方式以集成创新、引进消化吸收再创新为主,以原始创新为辅。中粮集团每年的研发投入约占主营业务收入比重的 0.5%(表 3.5)。

表 3.5 中粮集团 2010~2012 年的 R&D 投入情况

年份	研发投入(万元)	研发投入同比增长率(%)	研发投入占主营业务收入比重(%)
2010	60191.62	26%	0.45%
2011	86395.93	30%	0.49%
2012	71248.00	−21%	−0.36%

目前,集团正在加大基础项目研究的力度,并将在此基础上逐渐向集成创新、引进消化吸收再创新的方式转变。企业重大技术研发的组织方式:集团每年年底组织制定或修订集团研发战略规划,制定次年的研发计划,并以集团总裁办公会批准的年度研发计划,按照《中粮集团产品开发管理办法(试行)》《中粮集团应用基础研究与技术开发项目管理办法》开展研发创新工作。企业创新体制、机制和制度情况:①科技投入机制。集团制定了《中粮集团科技工作管理规定》,明确规定"集团在每年年度预算中固定投入研发资金,用于支持研究

院开展的战略性、共性、前瞻性的应用基础研究、产品开发和技术开发项目，承担部分政府科技计划项目的配套资金。各经营单位按照集团要求，以上年度主营业务收入为基数，按一定比例提取研发资金（具体比例由集团研发创新委员会依据业务类型和当前业务所处阶段确定）用于支持经营单位委托研究院开展或自行开展的、与自身业务相关的品牌食品开发与加工应用技术项目，承担部分政府科技项目的配套资金，提取的研发资金在年终业绩考核时视同相关经营单位的净利润"。②创新决策机制。集团总裁办公会负责审核集团科技发展规划、年度科技计划与预算；负责重大科技项目的立项审核（产品开发进入设计）、执行过程重要节点的评估与验收（产品开发进入量产）；负责审核集团研发创新体系的各项管理办法、制度与流程，审核科技项目管理与评审方案和集团科学技术奖；负责集团与经营单位以获得特定技术或研发能力为目的的公司并购的审核。"③科技创新项目管理机制。集团制定了《中粮集团产品开发管理办法（试行）》，明确规定"产品开发严格执行项目经理负责制，并按照四个阶段（如产品线规划、概念策划、设计与验证、上市与评估）、八个步骤（产品线规划、形成概念、可行性评估及确认、设计、验证、量产、上市、评估）和七个门槛进行管理"。集团制定了《中粮集团应用基础研究与技术开发项目管理办法》，明确规定"对应用基础研究与技术开发项目分为创意生成、立项、计划、执行、验收、后评估等六个阶段进行阶段控制，全过程管理"。集团制定了《中粮集团承担政府科技计划项目管理办法》，明确规定"政府科技计划项目的实施按照项目信息收集、项目准备、项目立项、项目定义与计划、项目执行、项目评估与验收、成果转化等七个阶段进行严格管理"。④创新评价考核机制。集团制定了《中粮集团科技工作管理规定》，明确规定"集团研发创新体系的绩效考评包括组织绩效考评、科技管理部门和研究开发部门的绩效考评、相关人员绩效考评三部分。实行研究院和经营单位研发创新双向考核制，每年将重大科技成果和新产品占整体销售收入的比例作为业绩考核评价指标"。⑤员工创新激励机制。集团制定了《中粮集团科学技术奖励办法》，明确规定"集团在研发创意、新技术研发、新产品开发、技术改造、工程设计、软科学研究、标准成果、知识产权和科技管理等方面进行科技奖励"。⑥知识产权管理制度。集团制定了《中粮集团有限公司专利管理办法》，明确规定"专利权的归属，专利管理体系，专利在开发与贸易中的管理，专利的保护与保密，专利的申请、维持、终止和费用管理，专利的奖励等"。⑦创新人才引进和培养制度。集团制定了《中粮集团引进海外高层次人才暂行办法》，明确规定"引进海外高层次人才的原则、标准、程序，研究方向与内容，生活保障与待遇，年度考核与终期评估"。

2）光明食品集团

光明集团注重企业的研发创新能力提升，拥有光明乳业技术中心、冠生园技术中心、梅林正广和公司技术中心、上海市奶牛研究所、金枫酿酒有限公司技术中心、上海德科电子仪表有限公司企业技术中心 6 个研发机构，拥有乳业生物技术国家重点实验室。

3）杭州娃哈哈集团有限公司

从 2004 年以来，娃哈哈集团有限公司实施"全面创新"战略，在产品、设备、管理等方面进行全方位创新，进一步提升了核心竞争力，促进企业经济又好又快发展。在产品创新方面，"营养快线""爽歪歪"等新产品的不断推出，使企业摆脱了同质化竞争，引领行业发展。

3.1.2 中国食品产业各类国家基金项目的科技投入情况

新中国成立以来，我国在食品产业科学技术研究领域投入逐渐增大，特别是"十一五""十二五"期间取得了很大的经济和社会效益，已形成了产业链与创新链统筹部署的全新局面，为我国今后食品产业科技的全面发展奠定了坚实的基础。

1. 国家重点基础研究发展计划

食品科学在 2011 年首次获得了重点基础研究发展（973）计划的资助，项目名称为"食品加工过程中安全控制理论与技术的基础研究"（编号 2012CB720800）。

2. 国家自然科学基金

我国国家自然基金委近五年来，在食品科学方面的经费投入稳步增长（表 3.6）。2009 年，国家自然科学基金委员会生命科学部首次设立食品科学学科，并从 2010 年起开始受理食品科学领域的自然科学基金项目，资助以食品及其原料为研究对象的基础研究和应用基础研究，主要有面上项目、青年基金和地区基金项目三种类型。

2010 年是国家自然科学基金委受理和评审食品科学学科的第 1 年，共接受申请项目 1385 项，占生命科学部接收项目总数的 7.9%；共资助项目 263 项，资助金额约为 7300 万元，涉及食品生物化学、食品营养学、食品检验学、食品加工学基础、食品储藏与保险与机械、食品加工的副产品加工与再利用等研究领域。2011 年食品科学学科的资助数量、资助强度和资助范围均有大幅提高，共接受申请项目 2028 项，占生命科学部接收项目总数的 9.0%；共资助项目 384 项，资助金额约为 1.6 亿元，涉及食品科学基础、食品生物化学、食品加工的生物学基础、食品微生物与生物技术、食品营养与健康、食品储藏与保鲜、食品安全与质量控制等。

表 3.6 2010～2013 年食品科学学科基金项目资助情况

项目类别	2010 年资助数（项）/经费（万元）	2011 年资助数（项）/经费（万元）	2012 年资助数（项）/经费（万元）	2013 年资助数（项）/经费（万元）
面上项目	144/4880	160/9612	163/13015	152/12175
青年科学基金项目	84/1661	177/4056	181/4175	200/4585
地区科学基金项目	27/686	41/2045	52/2606	53/2650
重点项目	2/416	3/808	2/600	2/596
国家杰出青年基金项目	1/200	1/200	1/200	1/200
优秀青年科学基金项目	—	—	2/200	2/200
青年-面上连续基金项目	—	—	1/80	3/240
小额	8/64	6/60	13/195	13/195
合计	266/7907	388/16781	415/21071	426/20841

3. 国家高技术研究发展计划

国家高技术研究发展（863）计划现代农业技术领域紧紧围绕着新阶段现代农业和农村经济发展对农业高技术的重大需求，加强原始创新和集成创新，大幅度提升我国农业高技术的自主创新能力与国际竞争力。

"十一五"期间，863 计划设置了现代食品生物工程技术专题，农业生物制造与食品精细加工技术及产品重点项目，食品绿色供应链关键技术与产品重点项目，食用油生物制造技术研究与开发重点项目，设置课题 172 个，国拨经费约 2 亿元。

4. 国家科技支撑计划

从"六五"开始，根据产业发展需要，及时在国家攻关计划中安排了果蔬产地储藏保鲜技术、罐头品种选育与加工技术等项目。"七五"期间，重点对粮食干燥节能技术、专用粉生产技术与设备、植物油连续精炼技术、玉米薯类淀粉加工设备、果蔬储藏、加工、流通技术等进行了攻关研究。"八五"期间，国家自然基金委及各部委科研计划重点对果蔬产地保鲜、主要农特产品加工等技术进行了研究。"九五"期间，对谷物机械制冷低温储藏技术与装备、果品储藏保鲜技术、果汁加工关键技术装备与肉类制品综合保鲜技术等进行了产业开发与研究。通过"六五"至"九五"的攻关研究，已经取得了一批单项研究成果，如选育了一批农作物专用品种，引进了一批食品加工生产线，研制了一批食品加工设备，建立了一批食品加工技术工程中心、实验室和示范基地，制定了一批国家标准或行业标准。

"十五"期间，中华人民共和国科学技术部（简称科技部）设置了"农产品深加工技术与设备研究开发""食品安全关键技术研究""奶业重大关键技术研究与产业化示范"3个有关食品加工科技发展方面的研究开发项目，国家科技专项经费的投入达到5个亿，带动地方政府和企业配套资金15个亿，主要用于重大的突破性技术创新，以及对产业发展具有重大影响的共性技术创新。经过近5年的发展，攻克了一批深加工关键技术难题，开发了一批在国内外市场具有较大潜力和较高市场占有率的名牌产品，建设了一批科技创新基地和产业化示范生产线，扶持了一批具有较强科技创新能力的龙头企业，储备了一批具有前瞻性和产业需求的技术，为初步建立以食品加工为主体的"国家农产品加工体系"和新型的"食品加工科技创新体系"奠定了基础。

"十一五"期间，在科技支撑计划中设置了"食品加工关键技术研究与产业化开发"重大项目和"功能性食品的研制与开发""农产品储藏保鲜关键技术研究与示范""安全绿色储粮关键技术研究开发与示范""农产品现代物流关键技术的研究开发与示范"等20余项重点项目，国拨专项经费近7.2亿，带动地方政府和企业配套资金超过22亿。围绕食品产业体系中的共性技术、高新技术装备、重大产品开发与产业化示范、产品质量与安全控制、物流配送等开展攻关，取得重大技术突破和产业化实施成效。

5. 农业科技成果转化资金项目

农业科技成果转化资金项目对现代农业、生物质开发应用、村镇绿色社区建设、农林生态等相关领域科技成果转化的引导和支持，促进了种、养及加工、农业装备等技术成果转化，为粮食与食物安全、农业增效和农民增收提供了科技支撑。农业科技成果转化资金项目中农产品精深加工与现代储运技术领域以延长农业产业链和减少农产品产后损失，发展现代农产品加工业，提高农产品附加值，增加农民收入，增强农业产业竞争力为目标。主要支持领域为：大宗粮棉油产品产后减损、绿色储运与配套技术、产品和设备；大宗粮棉油、果蔬、畜禽水产品增值加工技术及设备；鲜活农产品保鲜与物流配送及相应的冷链运输系统技术与配套产品；农副产品、特种粮油、农林特产资源精深加工和高附加值产品、清洁生态型加工技术与设备；乳制品、蛋制品深加工技术与设备；主要农产品质量安全评价、快速检测监测、全程质量控制技术。"十一五"期间（2006～2010年），农产品精深加工与现代储运技术领域共资助项目430项，国拨经费约2.84亿元。"十二五"期间的2011～2013年，3年间农产品精深加工与现代储运技术领域资助项目402项，国拨经费约2.92亿元。农产品精深加工与现代储运技术领域资助项目和资助经费呈上升的趋势。2006年，农业科技成果转化资金项目共 477 项，总经费为 2.96 亿元。其中，农产品加工技术领域项目有 77 项，经费为 4760 万元，分别占农业科技成果转化资金项目总数和经费总数的 16.14%和 16.08%。

6. 国家星火计划项目

"星火计划"是经我国政府批准实施的第一个依靠科学技术促进农村经济发展的计划，是我国国民经济和科技发展计划的重要组成部分。星火计划的主要内容是支持一大批利用农村资源、投资少、见效快、先进适用的技术项目，建立一批科技先导型示范企业，引导乡镇企业健康发展，为农村产业和产品结构的调整作出示范；开发一批适用于农村、适用于乡镇企业的成套设备并组织批量生产；培养一批农村技术、管理人才和农民企业家；发展高产、优质、高效农业，推动农村社会化服务体系的建设和农村规模经济发展。2006 年国家级星火计划重点项目共 134 项，总经费为 7560 万元，其中，涉及农产品加工项目的有 40 项左右，经费约为 2400 万元。2007 年国家级星火计划重点项目共 278 项，总经费为 1.5 亿元，其中，涉及农产品加工的项目约为 90 项，经费约为 5400 万元。

7. 科技富民强县专项行动计划

"科技富民强县专项行动计划"指的是国家在中西部地区和东部欠发达地区，将每年启动一批试点县（市），实施一批重点科技项目，集成推广 500 项左右的先进适用技术。通过 3~5 年的努力，支持 300 个左右的国家级试点县（市）实施专项行动，以项目为载体，发挥示范引导作用，从整体上带动 1000 个左右的县（市）依靠科技富民强县。此项计划实施的主要目的在于提高农民依靠科技增收致富的能力，提高重点科技项目辐射区农民人均纯收入水平。2011 年，启动科技富民强县专项行动计划项目 238 项；2012 年启动科技富民强县专项行动计划项目 329 项。

3.1.3 中国食品产业发展及科技投入方面存在的不足

1. 科技投入不足

近年来，我国食品产业领域科技创新能力逐步增强，支撑产业发展能力显著提高。据不完全统计，2011 年我国能够从事食品产业科技研发的高等院校和科研单位约为 350 个，有 230 多个高校设立了食品科学与工程专业，有 100 多所高等院校和科研单位能够培养食品相关专业研究生。一大批食品工业企业相继成立了研究开发中心，有 20 多个企业设立了博士后工作站。在食品领域已获得批准建设的国家重点实验室和国家工程实验室各 4 个，科学技术部已先后批准建设了肉品质量安全、蛋品、肉类、乳业、果蔬、大豆、农产品保鲜、农产品现代物流和粮食加工装备等 10 多个国家级工程技术研究中心,并在食品加工领域建立了一批产业技术创新战略联盟,初步建立起具有较强研发能力的科研队伍,对推动产学研紧密结合、提升我国食品产业科技自主创新能力发挥了积极作用。

但是,总体上我国食品领域的科技创新能力仍然不足,与发达国家差距较大。学科研发经费的投入是影响食品学科科技创新与发展最直接和最重要的因素。首先,就学科研发投入总量而言,2008 年美国高校研发经费投入总量约为 519 亿美元,而我国高校研发经费投入总量约为 733 亿人民币。其次,在各国研发经费使用量的分布中,与美国、日本、英国和韩国等国家相比,我国高校研发经费投入占全国研发经费投入的比重明显偏低。我国高校研发经费投入占我国研发经费投入的比重仅为 8.5%,而英国这一比重高达 24.5%。

政府是食品学科研发经费投入的重要主题之一,它的投入力度直接影响食品学科研发经费的投入总量。2002~2008 年,在美国学科研发经费投入中,政府投入占学科研发经费总投入的比重均在 66.97% 以上,而我国政府对学科研发经费投入占学科研发经费总投入的比重,尽管逐年增加,但到 2008 年,仅占 57.9%,显著低于美国。可见,政府对学科发展研发经费投入不足是导致我国学科研发经费不足的重要原因。

科研开发投入的严重不足是长期制约食品工业科技发展的"瓶颈","十一五"期间财政科技投入增幅要明显高于财政经常性收入增幅,建议食品工业的科技投入与食品工业总产值的比率提高到 0.5% 以上,科技投入占 GDP 比重从 0.13% 提高到 1%,企业研发投入占销售额的比例达到 3%。持续、稳定支持一批在基础条件、科研能力、人才梯队等方面具有较强优势的高校、科研单位和龙头企业,形成一支相对稳定的食品工业科技"国家队"。

2. 整体发展水平低,国际竞争力不强

食品工业与农业总产值之比,是衡量食品产业整体发展水平的重要指标。美国、日本和法国等发达国家食品工业与农业总产值之比一般为(2.2~3.7):1,2011 年我国食品工业与农业总产值之比约为 1:1,我国食品工业总产值虽然已跃居世界第一,并占世界食品工业总产值的 1/5,但属于一次加工或初级加工的农副产品加工业比重仍占 57%,属于精深加工的食品制造业和饮料制造业仅占总产值的 34%,这说明我国食品工业仍属于初级食品加工为主体的资源型产业,整体发展水平依然比较落后。

3. 中小企业多,生产能力低

我国食品产业囊括的行业门类众多,自然因素和人为因素的分割,造成了数量众多、规模狭小、布局分散的企业格局。在总的食品企业中，规模以下企业约占94%。其中，规模以下至10人以上的企业约占15%，产品市场占有率为19%；而小作坊企业约占79%，产品市场占有率为9%。企业规模小、工艺技术落后、卫生条件差，导致资源消耗大，生产成本高，产品质量差，经济效益低。

4. 食品安全问题突出，发展形势依然严峻

随着经济全球化和食品国际贸易的增加，食品安全不仅是世界各国的国内问题，也是全球性的重大问题。近年来，我国食品出口多次遭遇食品安全问题的困扰，如出口水产品抗生素超标、出口蔬菜农残药残超标、三聚氰胺等事件，不仅直接影响相关食品的出口，还对我国食品产业出口的整体形象造成了不良影响。食品安全问题始终是全社会关注的热点，保障食品安全是关系我国社会主义现代化建设大局的重大任务，发展形势依然严峻。

5. 装备技术相对落后，严重影响食品产业升级

我国食品装备的制造水平低、产品质量差、技术含量低，国内只能制造一些低端和低附加值的食品装备。技术含量高、产品质量优、带动能力强的关键装备主要依赖进口。自动化、规模化的食品加工装备缺乏，很难适应不断变化的食品市场需求。

6. 能耗排污问题严重，节能减排任务艰巨

我国大中型食品工业企业工业总产值虽然已达到51%，但是70%的小企业普遍存在生产技术落后、能耗高、排污量大等问题，节能减排新技术、新工艺难以大范围推广应用。例如，日本每生产1吨罐头食品耗水量，是我国耗水量的1/3；采用高效热风干燥技术，每生产1吨干制食品的耗电量，是采用传统冷冻干制技术的1/30~1/20。总体来说，我国食品产业仍然属于资源高耗型产业，节能减排任务艰巨。

3.2 发达国家农产品加工中政府公共投入和企业投入

近年来，世界各国有计划地引导食品产业创新发展。从国外食品产业发展来看，世界各国纷纷制订食品产业发展计划，引导食品产业创新发展。通过食品产业发展计划，制定有利于本国食品产业发展的方向、任务、投资和政策，以保障民生需求，保护本国利益，提升竞争优势。近年来，世界各国把食品产业作为国民经济的主要支柱产业加以扶持，典型的食品产业发展计划有英国制

定的"饮食、食品和健康关联计划""学校食品计划";英国和美国共同制定的"高水平食品研究战略（2007~2012年）";加拿大制定的"埃尔伯特技术革新计划（2007~2012年）"和欧洲食品研究"第七框架计划"等,这些计划的战略重点设立在整个食物链的营养健康、加工技术、质量安全、环境保护等重要领域。

3.2.1 部分国家科技经费支出情况

部分国家科技经费支出见图3.8。美国科技经费为4016亿美元,在世界各国中是最高的,其次为日本、中国、德国、法国、英国、韩国、加拿大、意大利、巴西、俄罗斯和印度。美国、日本、德国、法国和韩国等发达国家中科技经费与国内生产总值的比值分别为2.9、3.26、2.82、2.25和3.74,而中国仅为1.84。中国的科技经费排在第3位,但科技投入与国内生产总值的比值却很低。因此,我国应借鉴美国、日本、韩国等发达国家经验,提升财政支出在科技投入中的比重。

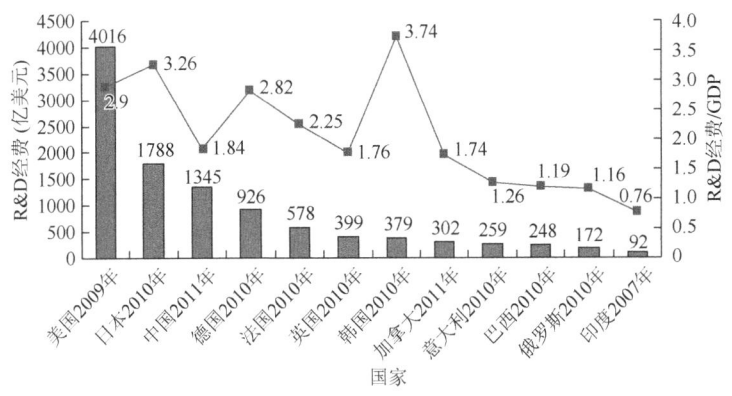

图3.8 部分国家科技经费支出情况

数据来源：中华人民共和国科学技术部；世界经济合作与发展组织（OECD）《主要科学技术指标2012/11》；巴西科技部，联合国教育、科学及文化组织

3.2.2 按执行部门划分的部分国家R&D经费支出

部分国家R&D经费支出按执行部门分见图3.9。加拿大、英国、法国、德国和美国的研究开发机构和高校科研经费比例分别为48.7%、36.6%、37.7%、32.7%和25.2%,而我国的研究开发机构和高校科研经费比例仅为22.9%。

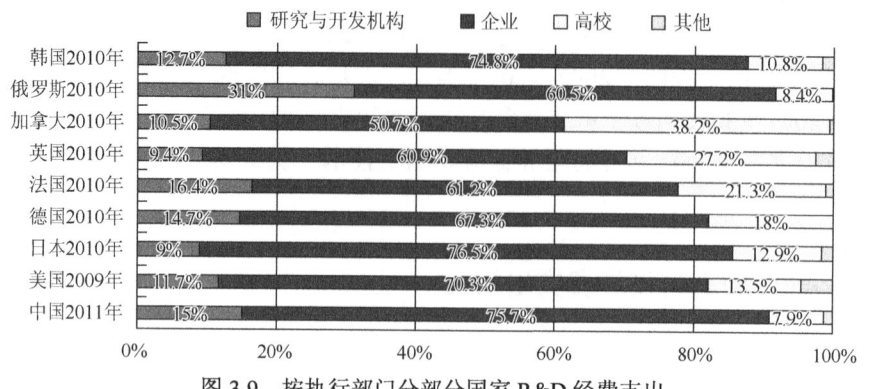

图 3.9 按执行部门分部分国家 R&D 经费支出

数据来源：中华人民共和国科学技术部；世界经济合作与发展组织（OECD）《主要科学技术指标 2012/11》

3.2.3 按研究类型划分的部分国家 R&D 经费支出

按研究类型分部分国家科技经费支出见图 3.10，俄罗斯、韩国、日本、意大利、法国和美国用于基础研究的经费占比分别为 19.6%、18.2%、12.5%、26.7%、26%和 19%，这些国家用于应用研究的经费比例也都在 17.8%以上。而我国用于基础研究和应用研究的经费分别仅为 4.7%和 11.8%，均明显低于其他国家。因此，我国应借鉴其他国家经验，提升科技经费在基础研究和应用研究中的比重。

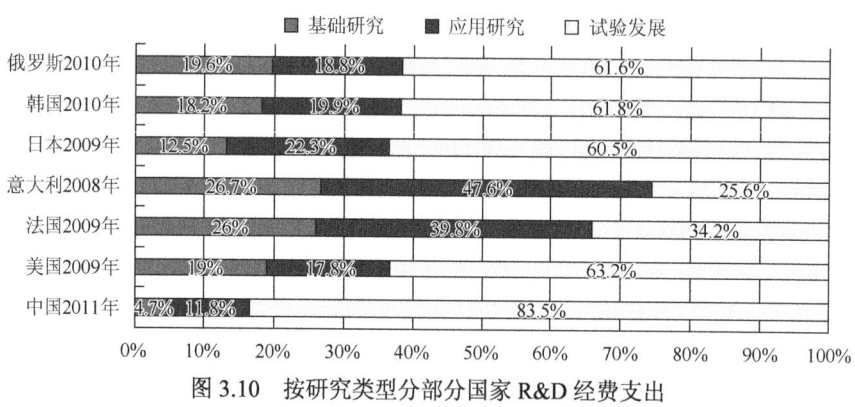

图 3.10 按研究类型分部分国家 R&D 经费支出

数据来源：中华人民共和国科学技术部；世界经济合作与发展组织（OECD）《主要科学技术指标 2012/11》

3.2.4 美国联邦政府及农业部的 R&D 预算及其食品农业比重

2014 年美国联邦政府 R&D 预算为 1428 亿美元。用于基础研究与应用研究的投入达 681 亿美元，比 2012 年增加了 48 亿美元（增幅为 7.5%）。用于国防的 R&D 费用为 732 亿美元，比 2012 年减少 5.2%；用于非国防的 R&D 费用为 696 亿美元，比 2012 年增长了 9.2%（表 3.7 和表 3.8）。美国农业部 2012～2014 年 R&D 预算见表 3.9。

表 3.7 美国白宫关于 2014 年 R&D 预算

项目	2012 年实际支出（百万美元）	2014 年预算（百万美元）	2012~2014 年变化 数量（百万美元）	百分比
国防（军事）	72916	68291	-4625	-6.30%
健康和人类服务	31377	32046	669	2.10%
美国航空航天局	11315	11605	290	2.60%
能源	10811	12739	1928	17.80%
美国国家科学基金	5636	6148	512	9.10%
农业	2331	2523	192	8.20%
商业	1254	2682	1428	113.90%
交通	921	942	21	2.30%
环境保护机构	568	560	-8	-1.40%
退伍军人事物	1160	1172	12	1.00%
教育	397	352	-45	-11.30%
国土安全	481	1374	893	185.70%
美国博物馆	243	250	7	2.90%
patient centered outcomes res	120	498	378	315%
国际援助项目	188	182	-6	-3.20%
其他	374	446	72	19.30%

数据来源：美国白宫 2014 年总统预算

表 3.8 美国白宫关于 2014 年 R&D 预算

项目	2012 年实际支出（百万美元）	2014 年预算（百万美元）	2012~2014 年变化 数量（百万美元）	百分比
国防 R&D	77173	73179	-3994	-5.20%
非国防 R&D	63739	69594	5855	9.20%
基础研究	31740	33162	1422	4.50%
应用研究	31618	34963	3345	10.60%
发展	75244	71463	-3781	-5.00%
R&D 设施与装备	2310	3185	875	37.90%
总 R&D	140912	142773	1861	1.30%

数据来源：美国白宫 2014 年总统预算

表 3.9 美国农业部 2012~2014 年 R&D 预算 （单位：百万美元）

项目	2012 年	2013 年	2014 年
农业研究	1125	1047	1303
食品研究	1353	1164	1346
农业经济研究	78	71	79
国家农业统计研究	159	167	159
R&D 总和	2715	2449	2887
农业部总预算	151800	153000	145900

数据来源：美国农业部 2014 年总体预算及年度执行计划

3.2.5 部分典型国际食品企业集团科技发展案例

1. 美国嘉吉公司

嘉吉公司是一家国际性的从事食品、农业、金融和工业产品及服务的综合性跨行业企业。嘉吉在全球有超过 1900 项专利，在食品和农业领域的前沿进行创新研究。

2. 诺维信公司

诺维信公司是全球工业酶制剂和微生物制剂的主导企业，拥有超过 40%的世界市场份额。诺维信公司每年将 11%~13%的年销售额和 15%的员工投入到研发工作中（表 3.10）。诺维信公司运用传统微生物学、现代生物化学和分子生物学领域的多项先进核心技术，包括表达克隆、重组技术、蛋白工程和高通量筛选技术等。2010 年研发经费约占销售额的 14%（1.5 亿丹麦克朗），拥有 6500 余项已获批准和申请中的专利，8 个遍布丹麦、中国、美国、日本、印度、英国等主要市场的研发机构，约 900 名科研人员，其中约 150 名科研人员致力于先进生物燃料的研发。同时，明确提出了"携手诺维信，引领食品行业科技创新"的发展战略和目标。

表 3.10 2009~2011 年诺维信公司主要业绩数据

项目	2009 年	2010 年	2011 年
销售额（百万丹麦克朗）	8448	9724	10510
研发成本（百万丹麦克朗）	1207	1360	1464
营业利润（百万丹麦克朗）	1688	2117	2340
净利润（百万丹麦克朗）	1194	1614	1828
研发成本占销售额的百分比（%）	14.3	14	14

续表

项目	2009 年	2010 年	2011 年
营业利率（%）	20	21.8	22.3
水资源利用效率改进（较 2005 年）（%）	27	29	30
能源利用效率改进（较 2005 年）（%）	27	30	34
CO_2 利用效率改进（较 2005 年）（%）	24	38	37

3. 雀巢公司

雀巢公司（NESTLE），总部在瑞士沃韦，是世界最大的食品制造商，全球拥有500多家工厂，近30万名员工。雀巢研究中心是食品、营养和生命科学领域处于世界领先地位的研发机构之一。雀巢公司广布全球的研发网络包括设在瑞士洛桑的基础研究中心和分布在欧洲、亚洲、非洲及美洲等国家的29个研发中心［包括雀巢北京研发中心（成立于2008年）和上海研发中心（成立于2001年）］，约有5000名技术人员从事研发活动。其主要任务是帮助雀巢实现生产优质食品、给人们带来美好生活的愿景，以高品质食品为中心，将均衡、营养和健康的生活方式传达给顾客。

4. 卡夫食品公司

卡夫食品公司成立于1852年，是美国最大的食品和饮料企业，世界第二大食品公司、北美最大的食品生产商，现直属于菲利普·莫里斯公司（世界最大的消费品集团）。卡夫食品在全球68个国家拥有超过98000名员工，6个全球研发中心，许多区域性研发中心、223多家工厂和236家分销机构。卡夫拥有约3300位食品科学家、化学家和工程师，2010年研发支出为5.83亿美元，2009年为4.66亿美元，2008年为4.87亿。公司利用在食品营养及安全方面的专业知识，更快而有效地推动产品的开发和生产，将更新、更好的技术和产品推广至各个国家和地区。位于美国伊利诺伊州的卡夫食品全球研发中心，拥有化学分析、风味分析和品评等一系列专业实验室，以及大批优秀的研发人员，为北美提供产品开发，并为全球其他研发中心提供有力的技术后盾。在中国，卡夫食品拥有亚太区饼干研发中心（苏州）。所有研发中心均配备专用的新品测试线和口味鉴别评审小组，先进的产品设计与食品质控技术能够试验、开发和引入最新食品科技，为扩大和丰富卡夫食品的产品线提供了稳固的基础，确保卡夫食品在食品创新领域始终处于领先地位。

5. 丰益国际集团

丰益国际集团是多元化的全球跨国公司，世界最大的粮食、食用油及农产品供应商、贸易商之一，世界500强企业排名第317位，年销售额超过300亿美元，在国内有多家投资企业，业务涉及粮油、化工、能源等行业。2009年11月18日，由国际粮油巨头新加坡丰益国际投资8亿元成立的丰益全球研发中心正式落户上海高东工业园区。丰益国际全球研发中心是目前全球粮油产业中最大的纯研发中心之一，丰益全球研发中心将建设成为粮油技术与产品研发、新产品及技术咨询、产品技术服务、科技合作交流、粮油食品专业人才培育的"5个中心"，对全球粮油行业发展共同关注的六大技术领域进行研究。丰益全球研发中心还邀请了蜚声海内外的中国科学院许智宏院士、李家洋院士、陈晓亚院士和方荣祥院士担任高级顾问，进一步加强该中心的科学研究力量。

6. 联合利华公司

联合利华公司在全球75个国家设有庞大事业网络，拥有500家子公司，员工总数近30万人，全球人员超过6000名，产品涵盖14个品类的400个品牌畅销全球180多个国家和地区，是全球最大的冰淇淋、茶饮料、人造奶油和调味品生产商之一，也是全球最大的洗涤、洁肤和护发产品生产商之一。联合利华每年能申请到300项专利权，在全球范围内共有20000项专利。联合利华在前沿研发领域每年投资超过10亿欧元。其全球六大研发中心主要分布在英国Colworth、Port Sunlight，荷兰Vlaardingen，美国Trumbull，印度Bangalore和中国上海，在全球拥有6000多名研发人员。建立了13个着重于开发某一类别产品和技术的全球产品开发中心。公司拥有37个地区性的开发中心，主要用于配合和实施区域性的研发和革新项目。同时还拥有一些分布在各个国家和地区的小的研发执行团队来构成其研发系统。2009年，联合利华全球研发中心中国地区总部大楼正式落成。该中心占地3万平方米，投资近1亿美元，任用来自全球15个国家的450多位研发人员。着重于产品配方研究，尤其注重将中国传统科学所倡导的天然成分引入联合利华的产品中，以使联合利华的产品更适合中国消费者。同时，利用中国丰富的中草药资源和中医药理论为全球新产品研发提供方向。

7. 其他

与国家发展战略相比，国际型大公司依靠科技创新和人才战略的发展模式早已形成，世界500强为代表的企业在成为产业领军的同时，也成为科技和人才的高地，创新发展已成为现代竞争型企业发展的利器，卡夫、可口可乐等公司在此方面已成为食品各领域的领军型企业，在其产业和业务全球化拓展的同时，人才和科技的发展伴随进行。2009年3月可口可乐在上海紫竹科学园为可口可乐第6个世界级全球创新及技术中心揭幕，新的全球研发中心是上海原有研发中心规模的5倍，主要集中为亚洲市场研发非碳酸产品。2006年6月6日，全球快餐业巨头麦当劳在中国香港北角开设亚太、中东及非洲地区食品研发及质量管理中心，其宗旨是服务亚太、非洲及中东35个国家共7700多家麦当劳餐厅，主要负责实践新产品构思，并制作新产品推广到国际市场。2006年3月27日，百事公司在中国的第一家研发中心——百事中国研发中心在上海举行隆重的揭幕仪式，该中心旨在结合百事全球科研力量，研究和开发更加符合中国消费者口味特点的饮料和休闲食品。由此，国外企业发展的以人才和科技为核心的创新发展战略已成为其企业发展和拓展的关键环节之一。

第4章 中国农产品加工业可持续发展战略

4.1 战略目标

4.1.1 保障国家食物安全，促进国民营养健康

食品产业的一个重要战略目标就是为我国食品数量安全、质量安全、产业安全、生态安全及营养安全提供保障，实现五大安全的协同发展。以营养安全为例，我国近年来食物加工过精过细倾向明显。例如，2013年1月国务院就"关于重视粮油食品营养健康问题"做出了重要批示："目前国内存在粮食加工过精过细的倾向，不仅造成粮食浪费，而且不利于人民群众身体健康。建议制定相关产业和投入政策，推广全谷物和杂粮食品"。

4.1.2 发展传统食品的现代化制造，弘扬中华饮食文化

我国的饮食文化有别于西方饮食文化，但是近年来，我国传统饮食文化受西方快餐文化的影响日益增大，尤其是对青少年的饮食习惯与观念产生很大影响。尽管我国传统饮食文化深厚，但是大部分传统食品仍局限于手工制作，弘扬与发展传统食品现代化任务艰巨。因此，要充分结合我国国情，重点围绕传统主食品、发酵食品、豆制品等领域发掘，实现产业现代化。

4.1.3 实施食品强国战略，打造世界级食品品牌企业集团

近年来，国际食品产业巨头快速发展，食品领域国际说话权与定价权的争夺日益激烈。食品产业安全日益受到关注，我国大豆产业的演变历程即是最大的教训。因此，要尽快制定与实施食品强国战略，竭力打造世界级食品企业品牌。

4.2 战略路线与重点

4.2.1 传统食品现代化战略

2000年，我国规模以上食品工业产值为7000亿元，到2013年增长至10.1万亿元，年均增长超过20%。但我国传统产业仍停留在传统作坊式的生产阶段，而发达国家的大型食品产业已相继在中国落脚，用西餐现代化的手段改造着中国传统食品，

影响中国人民传统的饮食习惯。面对来自于国内外的诸多挑战，为传承和弘扬中华民族的饮食文化，打造我国的食品名片，需通过科技和产业创新，用机械化、自动化生产提高生产效率、规范产品标准、统一食品质量。通过生产工具的机械化和现代化实现中餐主食、中式菜肴的工业化生产；通过自动化和标准化生产实现餐馆食品的工业化和餐饮业的连锁化是我国需要重点解决和推动的课题。

4.2.2 价值链高端化延伸战略

食品产业的发展直接关系我国"三农"发展与新时期"新四化"的发展大局，针对目前我国食品原料存在利用率不高、附加值低等问题，应用现代食品加工新技术实现资源的梯度增值利用（图 4.1），这也是我国食品产业科技创新的重要使命。

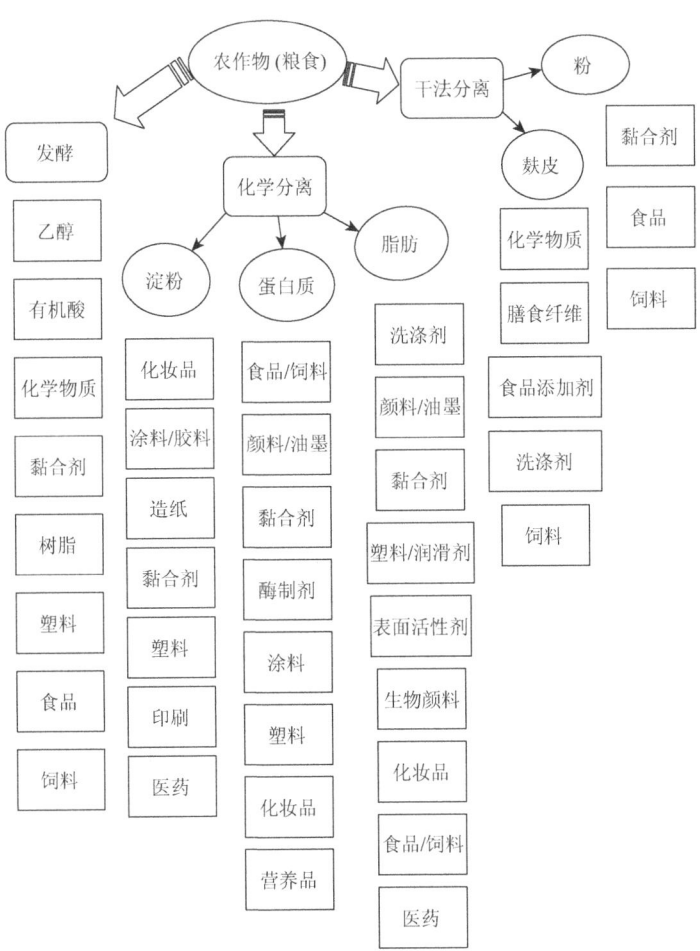

图 4.1　食品资源的梯度增值开发技术

4.2.3 食品加工智能化专用装备的提升与支撑带动战略

未来5～10年，我国应大力推进食品装备技术的信息化、智能化，着重研发适合中国食品特点的食品装备制造技术。以传统食品装备为例，中国传统食品基于手工的传统工艺在保持食品的色、香、味、型等方面起着重要的作用，但严重制约食品的工业化生产。因此，必须基于食品的质量、风味，大胆创新，吸纳先进工业设计和制造手段开发关键专用装备，实现传统食品的信息化、自动化、连续化、标准化的现代化生产。通过食品装备的提升与支撑带动作用，推动我国食品产业发展整体水平的提高。

4.2.4 "从餐桌到田间"的全产业链条一体化发展战略

"从餐桌到田间"的全产业链条包括了食品的消费环节、加工和包装环节、运输环节、储存环节、收购环节乃至原材料的收购环节。一直以来，产后环节繁复导致相关链条脱节，使我国食物、食品浪费严重，产后加工环节可控性差，产品质量难以保证，对于所出现问题的可追溯性和解决能力较弱。为打通各生产、流通、销售等环节的隔阂，避免食物到食品的产业链条脱节，保障国家食物的安全，应通过研制和标准化加工设备、完善标准及法规制度等方式大力推行从餐桌到田间的全产业链条的一体化建设。

4.3 战略措施

4.3.1 转变政府职能，强化创新环境与支撑体系建设

围绕全面深化改革梳理政府、科研机构与高校、行业学会与协会、企业等在食品产业链的定位与作用：一是政府应重点在立法、战略、规划、产业政策、质量与安全标准等层面上加强对食品产业链各环节的引导和监督管理；二是公益性科研机构与高校要切实加强产业基础性、公益性重大问题的持续研究和成果共享服务；三是行业学会与协会要加强对企业的指导、搭建非盈利性的食品产业技术成果转化、精品和装备展会及学术广场会平台。

4.3.2 构建食品产业科技协同创新模式，加强国家对食品产业创新工程的支持力度

构建以企业为主体的多元化投入整合协同创新发展模式，加强国家对食品

产业创新工程的支持力度。强化企业是技术创新的主体、研发投放入的主体、成果物化转化应用的主体；科研机构与高校成为基础研究及应用基础研究主体，对重大创新工程与专项行动计划，建立跨部门、跨学科、产学研结合协同创新机制与模式。

参 考 文 献

陈江萍. 2005. 葡萄废弃物的开发利用研究（综述）[J]. 浙江柑橘，01：42-45.
陈永福，刘春成. 2008. 中国杂粮供求：基于局部均衡模型的结构与模拟分析[J]. 中国农村经济，7：51-62.
丁虹. 2005. 营养教育对不同人群营养知识、态度、行为的影响[J]. 中国食物与营养，11：55-57.
冯云，彭增起，崔国梅. 2009. 烘烤对肉制品中多环芳烃和杂环胺含量的影响[J]. 肉类工业，8：27-30.
高树成，董殿文，周云，等. 2008. 辽宁农户玉米产后损失现状分析与对策建议[J]. 粮食加工，33（5）：69-70.
高玥. 2013. 紫薯开发利用研究进展[J]. 陕西农业科学，1：100-103.
葛毅强，陈颖，张振华，等. 2005. 国内外果蔬加工业发展趋势[J]. 保鲜与加工，02：1-3.
国家粮食局. 2015. 中国粮食统计年鉴（2014）[M]. 北京：经济管理出版社.
何静. 2014. 遏制现阶段中国粮食消费措施的有效性分析[J]. 商，5：197-201.
何胜生. 2006. 甘薯的药用价值及其加工利用[J]. 江西农业学报，18（2）：57-58.
蒋与刚. 2006. 美国的营养教育计划及其特点[J]. 中国食物与营养，9：45-46.
金青哲，齐策，谢丹，等. 2011. 国内外食用油脂加工技术发展[J]. 粮食与油脂，（6）：1-4.
金山，伍小红. 2011. 我国果蔬加工产业现状与发展策略[J]. 科技信息，24：72-75.
科学技术部农村科技司. 2014. 中国农产品加工业统计年鉴（2013）[M]. 北京：中国农业出版社.
李城德，蒋春明. 2006. 中国马铃薯产业化发展之路[J]. 甘肃农业，11：120-121.
李德安. 2006. 香蕉采后商品化处理技术[J]. 中国热带农业，4：40-41.
李积华，黄茂芳，钟业俊. 2008. 我国香蕉粉制备现状[J]. 中国热带农业，03：33-34.
李里特. 2003. 开发传统食品弘扬中华文化[J]. 食品工业科技，1：4-6.
李里特. 2004. 中华传统食品的科学与价值[J]. 食品科技，1：8-12.
李里特. 2007. 中国传统食品的营养问题[J]. 中国食物与营养，6：4-6.
李里特. 2010. 新时代我国食品工业的目标与研究重点[J]. 北京工商大学学报，28（4）：1-8.
李里特. 2012. 中国产地农产品初加工的现状及建议[J]. 农业工程学报，01：7-10.
李书国，薛文通，李雪梅，等. 2005. 我国居民膳食营养不平衡原因分析及对策[J]. 中国食物与营养，10：7-9.
刘丽，王强，刘红芝. 2011. 花生产后初加工技术与机械现状[J]. 农产品加工：创新版，（7）：50-54.
刘强，侯业茂，张虎，等. 2013. 稻谷加工副产品稻壳的综合利用[J]. 粮食加工，03：39-42.
刘玉德，刘洋，石文天，等. 2013. 我国主食工业化的现状及发展趋势[J]. 农业机械，2：64-68.
鲁述霞. 2010. 马铃薯的加工现状及发展前景[J]. 农产品加工，1：30-31.
孟令洋. 2014. 农产品加工副产物的综合利用[J]. 农产品加工，07：14-15.
农业部奶业管理办公室，中国奶业协会. 2013. 中国奶业统计摘要（2012）[M].
农业部农产品加工业领导小组办公室. 2006. 农产品加工重大关键技术筛选研究报告[M]. 北

京：中国农业出版社.

农业部渔业渔政管理局. 2014. 中国渔业统计年鉴（2013）[M]. 北京：中国农业出版社.

渠琛玲，王崧成，付雷. 2010. 甘薯的营养保健及其加工现状[J]. 农产品加工，10：74-76.

单杨. 2010. 中国果蔬加工产业现状及发展战略思考[J]. 中国食品学报，01：1-9.

宋国安. 2004. 马铃薯的营养价值及开发利用前景[J]. 河北工业科技，21（4）：55-58.

孙宝国，王静. 2013. 中国传统食品现代化[J]. 中国工程科学，15（4）：4-8.

孙传范. 2010. 高新技术在食品加工中的应用[J]. 食品研究与开发，31（8）：203-206.

谭斌，谭洪卓，张晖，等. 2008. 杂粮加工与杂粮加工技术的现状与发展[J]. 粮食与食品工业，15（5）：6-10.

唐为民. 1998. 我国粮食产后损失原因及减少损失的有效措施[J]. 粮食流通技术，（1）：1-5.

王静，孙宝国. 2011. 中国主要传统食品和菜肴的工业化生产及其关键科学问题[J]. 中国食品学报，11（9）：1-7.

王明旭，王中营，阮竞兰，等. 2013. 粮食加工装备业的现状与未来发展[J]. 粮食加工，（3）：5-8.

王钦文. 2008. 用科学发展观审视粮油的过度加工[J]. 中国粮食经济，（12）：17-19.

王瑞元. 2014. 2013年我国食用油市场供需分析和国家加快木本油料产业发展的意见[J]. 中国油脂，39（6）：1-5.

王守经，邓鹏，胡鹏. 2009. 甘薯加工制品的现状及发展趋势[J]. 中国食物与营养，（11）：30-32.

王晓燕，梁洁，尚书旗，等. 2008. 半喂入式花生摘果试验装置的设计与试验[J]. 农业工程学报，24（9）：94-98.

王学平. 2008. 畜禽加工副产品及废弃物的综合利用将成为肉食行业新的经济增长点[J]. 肉类工业，（12）：2-9.

王中营，马利，刘强，等. 2012. 初探我国粮油加工装备存在的问题与发展趋势[J]. 粮食加工，（6）：4-6.

魏益民. 2004. 国外农产品加工与食品产业发展趋势[J]. 中国食物与营养，4：27-29.

夏慧，王宁，彭亚拉. 2013. 美国国家营养监测计划及对我国的启示[J]. 中国食物与营养，19（2）：5-9.

颜建春，吴努，胡志超，等. 2012. 花生干燥技术概况与发展[J]. 中国农机化，（2）：7-10.

杨琴，刘清，沈瑾，等. 2012. 我国农户玉米产后损失现状及原因分析[J]. 农业工程技术：农产品加工业，（4）：46-49.

杨瑞学. 2012. 超高压技术在食品加工领域的应用[J]. 农业工程，2（5）：31-35.

杨巍，黄洁琼，陈英，等. 2011. 紫薯的营养价值与产品开发[J]. 农产品加工，（8）：41-43.

杨延兵，管延安，秦岭，等. 2012. 华北夏谷区主要育成品种（系）小米黄色素含量分析[J]. 山东农业科学，44（1）：58-60，62.

姚惠源. 2001. 稻米深加工高效增值全利用的技术途径[J]. 中国稻米，4：34-35.

翟光超. 2008. 乳清蛋白研究进展[J]. 现代农业科技，21：283-285.

张长贵，董加宝，王祯旭. 2006. 畜禽副产品的开发利用[J]. 肉类工业，（3）：20-23.

张泓. 2014. 我国主食加工产品及加工技术装备综述[J]. 农业工程技术：农产品加工业，（3）：15-22.

张伋，张兵，张继国，等. 2011. 美国营养法规和政策综述[J]. 中国健康教育，27（12）：921-924.

中国营养学会. 2008. 中国居民膳食指南[M]. 拉萨：西藏人民出版社.
中国社会科学院工业经济研究所. 2014. 中国工业发展报告（2013）[M]. 北京：经济管理出版社.
中国畜牧业年鉴编辑委员会. 2014. 中国畜牧业年鉴（2013）[M]. 北京：中国农业出版社.
中华人民共和国国家统计局. 2015. 中国统计年鉴（2014）[M]. 北京：中国统计出版社.
中华人民共和国农业部. 2015. 中国奶业年鉴（2014）[M]. 北京：中国农业出版社.
周林燕，廖红梅，张文佳，等. 2009. 食品高压技术研究进展和应用现状[J]. 中国食品学报，9（5）：165-176.
周民生，朱瑞，毛明，等. 2012. 果蔬产品超高压加工的研究进展[J]. 中国食品学报，12（8）：127-134.
周鹏，陈卫，江波，等. 2009. 中国食品科技的发展状况——重点讨论中国传统食品和健康食品[J]. 中国食品学报，9（1）：1-5.
Backstrand J R. 2002. The history and future of food fortification in the United States：a public health perspective[J]. Nutrition Reviews，60（1）：15-26.
Dietz W H，Scanlon K S. 2012. Eliminating the use of partially hydrogenated oil in food production and preparation[J]. JAMA，308（2）：143-144.
Lustig R H，Schmidt L A，Brindis C D. 2012. Public health：the toxic truth about sugar[J]. Nature，482（7383）：27-29.
Powell L M，Chriqui J F，Khan T，et al. 2013. Assessing the potential effectiveness of food and beverage taxes and subsidies for improving public health：a systematic review of prices，demand and body weight outcomes[J]. Obesity Reviews，14（2）：110-128.